好きを知識と力にかえる
Newton
博士ずかん
おもしろい算数

Gallery
ギャラリー

東京ドーム何個分？

ある場所の広さや大きさを「東京ドーム○個分」などと表現することがある。これは、ある単位を別の単位であらわす「単位かんざん」という方法だ。ちなみに、東京ドームの面積は4万6755平方メートル。

どちらが、よりお得？

「3割引」のシールがはられたお弁当と、「100円引き」のシールがはられたお弁当は、どちらがよりお得かな？

江戸時代から親しまれている計算問題「小町算」

□に＋、－、×、÷またはカッコを入れて、数式を完成させよう。ただし、□に何も入れず、となりあう数字をつなげて2けた以上の数と考えてもよいとする（→答えは155ページ）。

1□2□3□4□5□6□7□8□9 = 100

π=3.141592653589 793238462643 383279502884 197169399375 105820974944
592307816406 286208998628 034825342117 067982148086 513282306647 093844609550
582231725359 408128481117 450284102701 938521105559 644622948954 930381964428
810975665933 446128475648 233786783165 271201909145 648566923460 348610454326
648213393607 260249141273 724587006606 315588174881 520920962829 254091715364
367892590360 011330530548 820466521384 146951941511 609433057270 365759591953 092186117381
932611793105 118548074462 379962749567 351885752724 891227938183 011949129833 673362440656
643086021394 946395224737 190702179860 943702770539 217176293176 752384674818 467669405132
000568127145 263560827785 771342757789 609173637178 721468440901 224953430146 549585371050
792279689258 923542019956 112129021960 864034418159 813629774771 309960518707 211349999998
372978049951 059731732816 096318595024 459455346908 302642522308 253344685035 261931188171
010003137838 752886587533 208381420617 177669147303 598253490428 755468731159 562863882353
787593751957 781857780532 171226806613 001927876611 195909216420 198938095257 201065485863
278865936153 381827968230 301952035301 852968995773 622599413891 249721775283 479131515574
857242454150 695950829533 116861727855 889075098381 754637464939 319255060400 927701671139
009848824012 858361603563 707660104710 181942955596 198946767837 449448255379 774726847104
047534646208 046684259069 491293313677 028989152104 752162056966 024058038150 193511253382
430035587640 247496473263 914199272604 269922796782 354781636009 341721641219 924586315030
286182974555 706749838505 494588586926 995690927210 797509302955 321165344987 202755960236
480665499119 881834797753 566369807426 542527862551 818417574672 890977772793 800081647060
016145249192 173217214772 350141441973 568548161361 157352552133 475741849468 438523323907
394143334547 762416862518 983569485562 099219222184 272550254256 887671790494 601653466804
988627232791 786085784383 827967976681 454100953883 786360950680 064225125205 117392984896
084128488626 945604241965 285022210661 186306744278 622039194945 047123713786 960956364371
917287467764 657573962413 890865832645 995813390478 027590099465 764078951269 468398352595
709825822620 522489407726 719478268482 601476990902 640136394437 455305068203 496252451749
399651431429 809190659250 937221696461 515709858387 410597885959 772975498930 161753928468
138268683868 942774155991 855925245953 959431049972 524680845987 273644695848 653836736222
626099124608 051243884390 451244136549 762780797715 691435997700 129616089441 694868555848
406353422072 225828488648 158456028506 016842739452 267467678895 252138522549 954666727823
986456596116 354886230577 456498035593 634568174324 112515076069 479451096596 094025228879
710893145669 136867228748 940560101503 308617928680 920874760917 824938589009 714909675985
261365549781 893129784821 682998948722 658804857564 014270477555 132379641451 523746234364
542858444795 265867821051 141354735739 523113427166 102135969536 231442952484 937187110145
765403590279 934403742007 310578539062 198387447808 478489683321 445713868751 943506430218
453191048481 005370614680 674919278191 197939952061 419663428754 440643745123 718192179998
391015919561 814675142691 239748940907 186494231961 567945208095 146550225231 603881930142
093762137855 956638937787 083039069792 077346722182 562599661501 421503068038 447734549202
605414665925 201497442850 732518666002 132434088190 710486331734 649651453905 796268561005
508106658796 998163574736 384052571459 102897064140 110971206280 439039759515 677157700420
337869936007 230558763176 359421873125 147120532928 191826186125 867321579198 414848829164
470609575270 695722091756 711672291098 169091528017 350671274858 322287183520 935396572512
108357915136 988209144421 006751033467 110314126711 136990865851 639831501970 165151168517
143765761835 155650884909 989859982387 345528331635 507647918535 893226185489 632132933089
857064204675 259070915481 416549859461 637180270981 994309924488 957571282890 592323326097
299712084433 573265489382 391193259746 366730583604 142813883032 038249037589 852437441702
913276561809 377344403070 746921120191 302033038019 762110110044 929321516084 244485963766
983895228684 783123552658 213144957685 726243344189 303968642624 341077322697 802807318915
441101044682 325271620105 265227211166 039666557309 254711055785 376346682065 310989652691
862056476931 257058635662 018558100729 360659876486 117910453348 850346113657 686753249441
668039626579 787718556084 552965412665 408530614344 431858676975 145661406800 700237877659
134401712749 470420562230 538994561314 071127000407 854733269939 081454664645 880797270826
683063432858 785698305235 808933065757 406795457163 775254202114 955761581400 250126228……

どこまでもつづく円周率

円周率（π）は学校の授業で「3.14」と習うことが多いけれど、実はそのあとも不規則な数が無限につづく。そのなかには、みんなの家の電話番号や誕生日なども登場するはずだ。

噴水がえがく放物線

噴水の水やボールなど、空中に投げられた物体のあとが放物線をえがくことを発見したのは、イタリアの科学者ガリレオ・ガリレイ（→120ページ）。

ジオデシックドーム

正二十面体は20個の正三角形でできている。これらをより細かい三角形に分けていくと、全体の形は球体に近づく（→111ページ）。

対数らせん

オウムガイのからの断面にあらわれる「対数らせん」（→122ページ）。

★はじめに★

学校の授業や勉強は苦手だけど、「宇宙の話だったら、何時間でも聞いていられる」「恐竜の本だったら何冊でも読めるし、書いてあることをどんどん覚えられる」などという人も多いのではないでしょうか。

「博士ずかん」は、そんなみなさんのための本です。基本的なことだけでなく、大人の本にのっているような深い話題についても、たくさんあつかっています。1冊読み切るころには、みなさんの知識は何倍にもふえていることでしょう。

さて、世の中の多くの知識は、

たがいにつながっています。たとえば「地球の誕生」について知りたいと思い、深く調べていったとしましょう。すると、その途中には、算数の計算（たし算、ひき算、かけ算、わり算、九九など）や、理科の教科書にのっている光合成や磁石の話などが登場します。

つまり、〝知って・学んで無駄になること〟はないのです。

みなさんもぜひ、いろいろなことに興味をもち、いろいろな本を読んで（知識にふれて）みてください。それが結果として、みなさんが好きなことや得意なことをのばすことに、つながるはずですよ。

ニュートン編集部

もくじ

4章 おもしろい図形

5章 なぞを解け！数と図形パズル

キャラ紹介

りんごちゃん
RINGO CHAN

ハカセと仲がいい、元気いっぱいのリンゴ。どこかぬけている。

ハカセ
HAKASE

理系教科にくわしい、とても物知りな博士。あまいものが好き。

わあん
WaaaaN

宇宙からやってきた宇宙犬。ただし、本人はそのことを認めようとしない。

世の中は算数だらけ

平均点はクラスの真ん中？

（→26ページ）

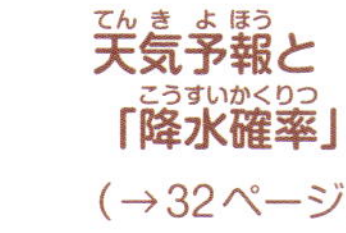

天気予報と
「降水確率」

（→32ページ）

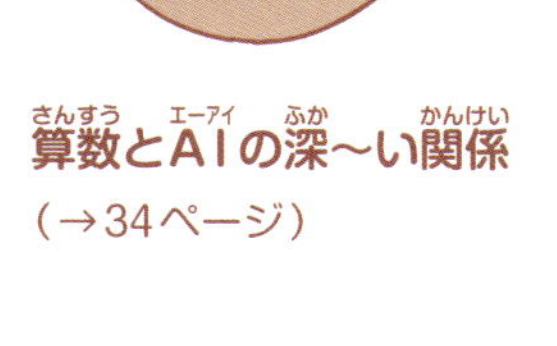

算数とAIの深～い関係

（→34ページ）

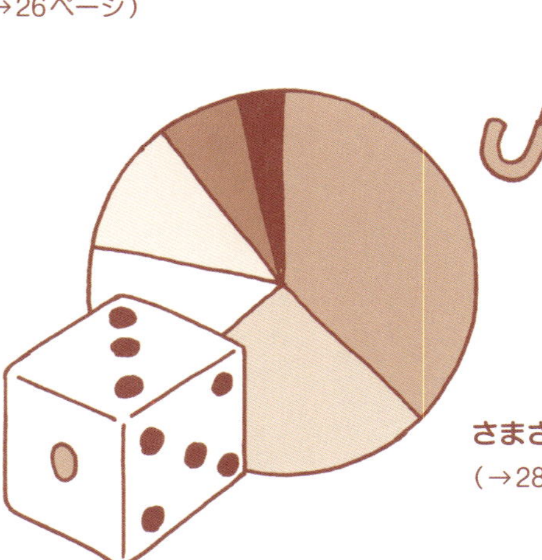

さまざまな種類のグラフ

（→28ページ）

サイコロには
出やすい“数”がある

（→30ページ）

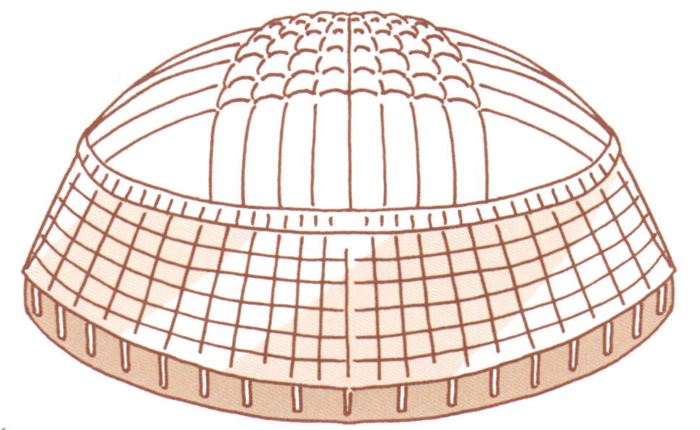

いっぱいに
なるのは
何分後？
（→24ページ）

文京区は
東京ドームの何倍？
（→16ページ）

3割引のお弁当、いくらお得？
（→20ページ）

地球上の海と陸の割合
（→22ページ）

電車はどれくらい混んでいる？
（→18ページ）

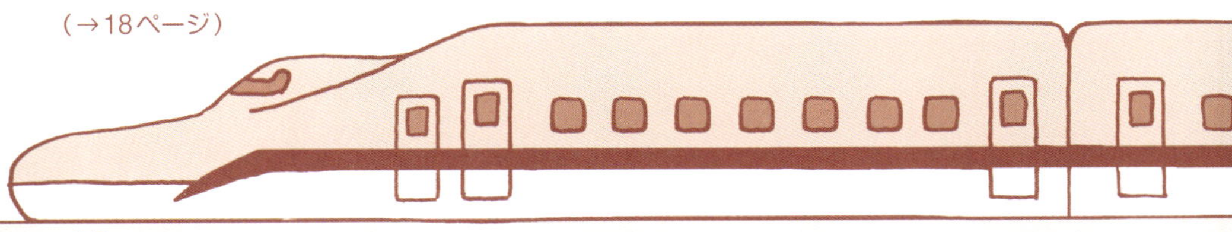

1

くらべてみよう

文京区は東京ドームの何倍？

今10センチメートルの鉛筆…①と5センチメートルの鉛筆…②が、1本ずつあったとしましょう。このとき、「①は②の2倍の長さ」「②は①の0.5倍の長さ」などと表現することができます。

"2"や"0.5"のように、一方の大きさをもとに、もう一方がその何倍にあたるかをあらわした数を「割合」といいます。割合は「くらべる量」を「もとにする量」で割って求めます。

文京区と東京ドームで考えてみましょう※。「くらべる量」が文京区で、「もとにする量」が東京ドームです。

文京区の面積は11.3平方キロメートル、東京ドームの面積は0.047平方キロメートルなので、11.3÷0.047を計算します。

すると、答えは240.4になります。

つまり、「文京区は東京ドームの約240倍」といえます。

※東京ドームのある場所が文京区。

単位かんざん

ある単位を別の単位であらわすことを「単位かんざん」というゾ。たとえば、1時間を「60分」としたり、1センチメートルを「10ミリメートル」としたりすることじゃ。0.047平方キロメートル（4万6755平方メートル）を「東京ドーム1個分」とあらわすのも、単位かんざんといえるゾ。

東京ドームとくらべてみよう！

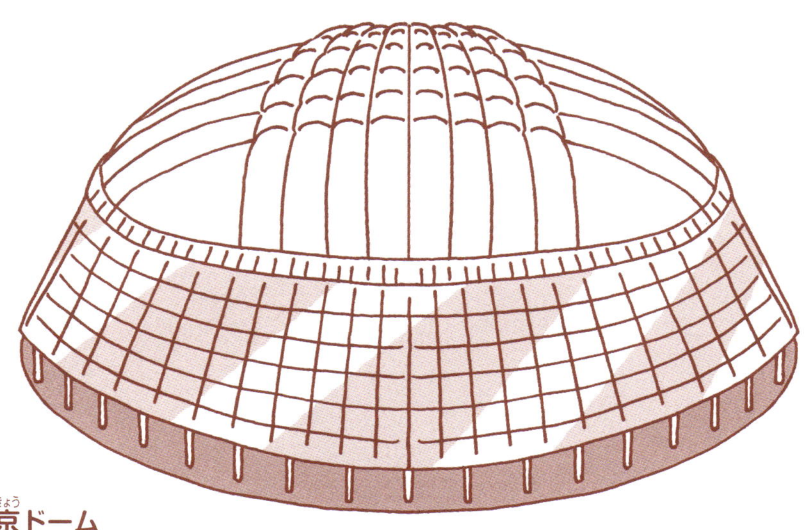

東京ドーム
0.047平方キロメートル
（4万6755平方メートル）

日本武道館
（8422平方メートル）
8422÷46755＝0.18

東京ドームの
約0.18倍

上野動物園
（14万2898平方メートル）
142898÷46755＝3

東京ドームの
約3倍

琵琶湖
（669.3平方キロメートル）
669.3÷0.047＝14240

東京ドームの
約1万4240倍

なるほど理系脳クイズ！
東京都の面積は、東京ドームの何倍？　①0.4倍　②80倍　③4万6881倍

②

百分率を知ろう

電車はどれくらい混んでいる？

夏休みや年末年始になると、「新幹線の乗車率が200％」などというニュースを目にすることがあります。

乗車率とは、定員に対してどれくらいの人数が乗っているか（割合）を、「百分率」を使ってあらわしたものです※。百分率とは、もとにする量を100としたとき、くらべる量がどれくらいかを「パーセント（％）」であらわしたものです。

たとえば、定員900人の車両に、630人が乗っていたとしましょう。百分率を求めるには、630人（くらべる量）を900人（もとにする量）で割り、100をかけます。これを計算すると、「定員に対して70％の人数が乗っている」とあらわせました。

ちなみに「乗車率200％」とは、座席のない通路に定員と同じ人数が乗っている状態です。

※鉄道の混み具合は「混雑率」で示されることもある。

百分率のメリット

百分率は簡単にいうと、割合を％を使ってあらわしたものじゃ。百分率を使うと、ある量が全体のどれくらいをしめるかが判断しやすくなるのじゃ。また百分率は、小数や分数を使って置きかえることもできるゾ。たとえば1％は0.01（$\frac{1}{100}$）、10％は0.1（$\frac{1}{10}$）、100％は1となるのじゃ。

クイズの答え：P17➡③

百分率でくらべてみよう！

次の新幹線のうち、どれが最も混んでいるかな？

①のぞみ1号　定員…1300人　乗っている人数…1150人

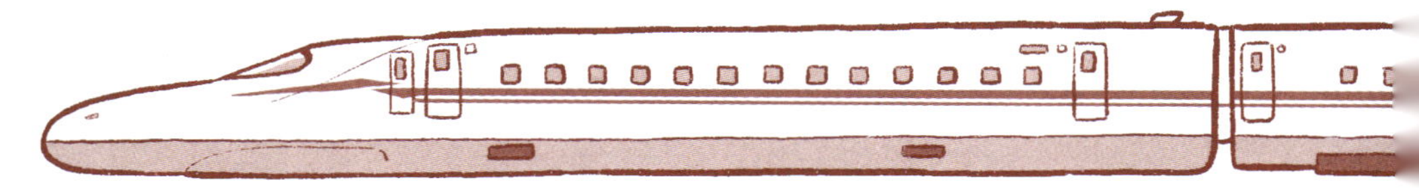

②こまち2号　定員…350人　乗っている人数…290人

③とき3号　定員…900人　乗っている人数…840人

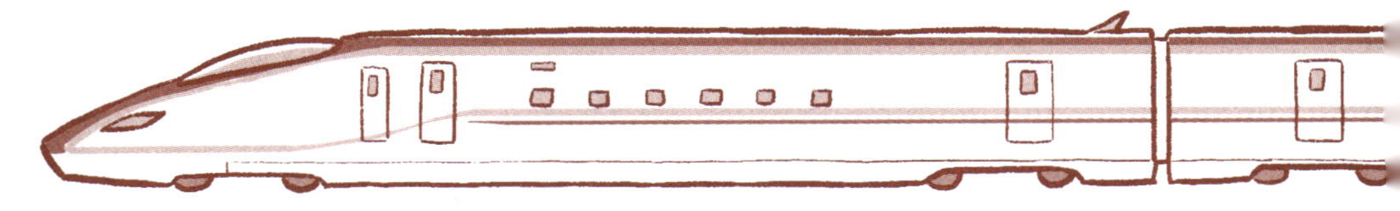

★求め方

（くらべる量）÷（もとにする量）×100

→答えは21ページ！

なるほど理系脳クイズ！

鉄道やバスでは「乗車率」だが、飛行機の場合は何とよばれる？　①搭乗率　②飛行率

3

歩合を知ろう
3割引のお弁当、いくらお得？

野球では、選手が打った本数に対し、ヒットの本数の割合を「3割6分6厘」などとあらわすことがあります。

もとにする量（打った本数）を10としたとき、くらべる量（ヒットの本数）がどれくらいかをあらわしたものを「歩合」といいます。

歩合は、私たちの身のまわりにもかくれています。たとえばスーパーでは、つくってから時間がたったお弁当を割引きして販売することがあります。

たとえば、500円のお弁当に「3割引」というシールがはられていた場合、もとの値段からその3割にあたる金額が値引かれます。

ここでは、500（もとにする量）に、3割（歩合）を小数であらわした0.3をかけて出た150が値引き額（くらべる量）です。

つまり、このお弁当は500から150を引いた「350円」で買えるということです。

ハカセMEMO！

割合・百分率・歩合

歩合は割合をあらわす方法のひとつじゃ。割合や百分率とは、それぞれ右のような関係があるのじゃ。

割合をあらわす小数	1	0.1	0.01	0.001
百分率	100%	10%	1%	0.1%
歩合	10割	1割	1分	1厘

※出典：新興出版社啓林館のホームページ（https://www.shinko-keirin.co.jp）

クイズの答え：P19➡①

どれがいちばんお得？

19ページの答え：
③（乗車率は約93％）

次のお弁当のうち、どれが最も安く買えるかな？

①もとの値段…700円
（3割引のシールがはられている）

②もとの値段…600円
（2割引のシールがはられている）

③もとの値段…600円
（150円引きのシールがはられている）

★求め方

→答えは23ページ！

値引き額
＝（もとにする量）×（小数であらわした"○割引"）
お弁当の値段＝（もとにする量）－（値引き額）

なるほど理系脳クイズ！

「3割6分6厘」を、小数点を使ってあらわすと？　①3.66　②0.366　③0.0366

4 比を知ろう 地球上の海と陸の割合

割合は「比」を使ってあらわすこともできます。比とは、くらべたい2つの量を簡単な数字で置きかえたものです。

たとえば、10センチメートルの鉛筆と5センチメートルの鉛筆は「10：5」と書けます（10対5と読む）。これらを簡単な数字にするために、10と5の公約数※である「5」で割ります。これで、2本の鉛筆の比は「2：1」とあらわせました。

また「0.8：0.2」のように、くらべたい2つの量に小数がまじっている場合は、何倍かして小数点を消します。ここでは、それぞれを10倍すると「8：2」となります。あとは、先ほどと同じように8と2の公約数である2で割り、「4：1」とあらわせました。

では、ここで問題です。地球上の海と陸の比は、どのようにあらわせるでしょうか（←）。

※ある数とある数に共通する約数のこと（→46ページ）。

二八そば

「二八そば」というものがあるが、これは小麦粉を2割、そば粉を8割まぜてつくったそばという意味じゃ。つまり、小麦粉とそば粉の比は「2：8」とあらわせるのじゃ。ちなみに「十割そば」というものもあるが、こちらはそば粉10割（100％）、つまり小麦粉をまぜずにつくったそばなのじゃ。

クイズの答え：P21➡②

比を求めてみよう！

21ページの答え：
③（450円）

地球上の海と陸の比は？

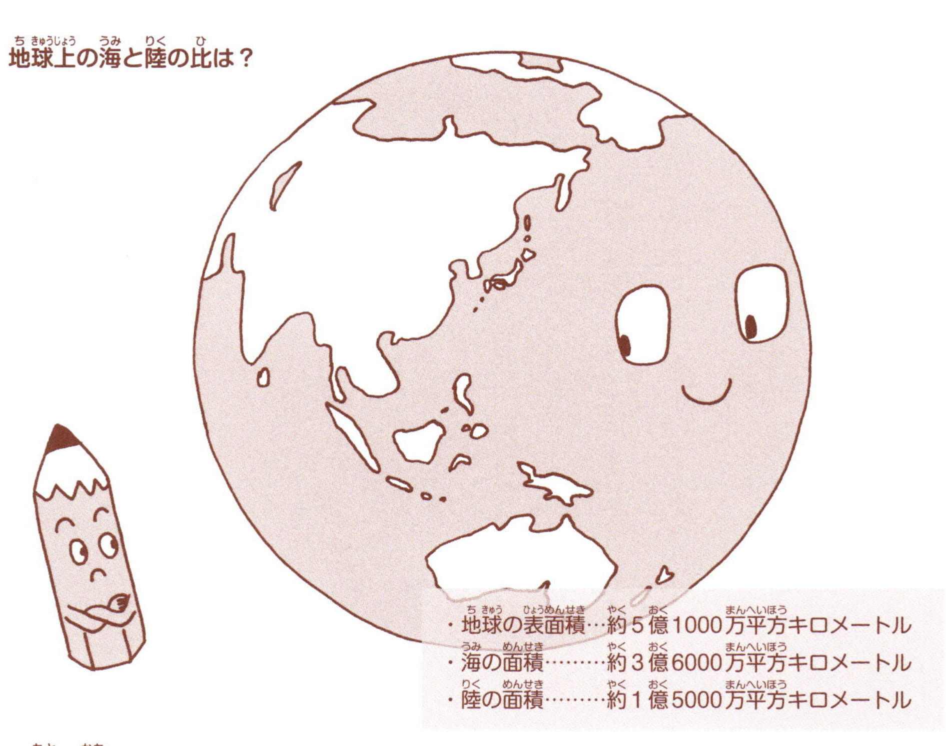

★求め方①

❶約3億6000万（海の面積）：約1億5000万（陸の面積）

❷12：5（公約数で割る）

❸約7：3

★求め方②

❶地球の表面積に対して、海もしくは陸の面積がどれだけあるかを求める。

・海の面積（くらべる量）÷ 地球の面積（もとにする量）× 100 ＝ 約70％

・陸の面積（くらべる量）÷ 地球の面積（もとにする量）× 100 ＝ 約30％

❷70：30（公約数で割る）

❸7：3

※より正確には、海：3億6282万2000 km^2、陸：1億4724万4000 km^2 で、それぞれ地球の表面積の71.1％、28.9％をしめる。

なるほど理系脳クイズ！

1：4と同じ比は？　①2：4　②3：9　③4：16

5

やかんにためた水が… いっぱいになるのは何分後？

今、あなたはやかんに水をためています。1分間で1リットル、2分間で2リットル、3分間で3リットルの水が、やかんに入りました。時間が2倍、3倍…にふえると、水の量も2倍、3倍…にふえますね。このとき、時間と水の量は「比例」の関係にあるといいます。比例の関係は、左ページ①のようなグラフであらわすことができます。

一方、やかんに入った1リットルの水を分けるとき、コップ1個に入る水の量は、コップ1個では1リットル、2個では0.5リットル、3個では0.33リットル…と、コップの数が2倍、3倍…にふえると、コップ1個に入る水の量は、$\frac{1}{2}$倍、$\frac{1}{3}$倍…になります。

このとき、それぞれは「反比例」の関係にあるといいます。反比例の関係は、左ページ②のようなグラフであらわせます。

賞金の山分け

300万円の賞金を仲間で分ける場合、「仲間の人数」と「1人がもらう金額」との間には、どのような関係が成り立つかな？　…答えは反比例じゃ。1人では300万円もらえるが、2人で分けると150万円ずつ、3人で分けると100万円ずつとなるためじゃ。

比例の関係・反比例の関係

①比例のグラフ

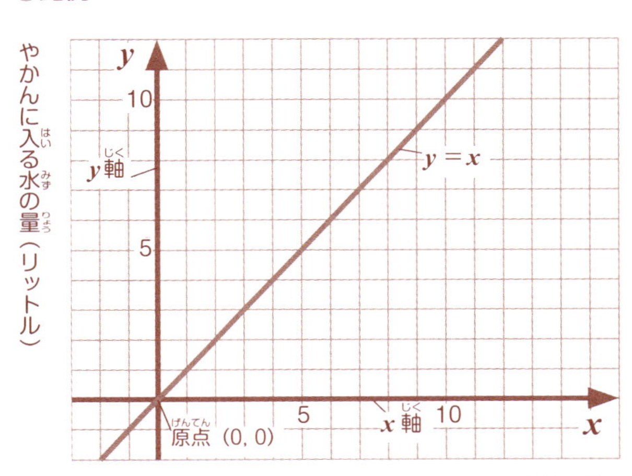

②反比例のグラフ

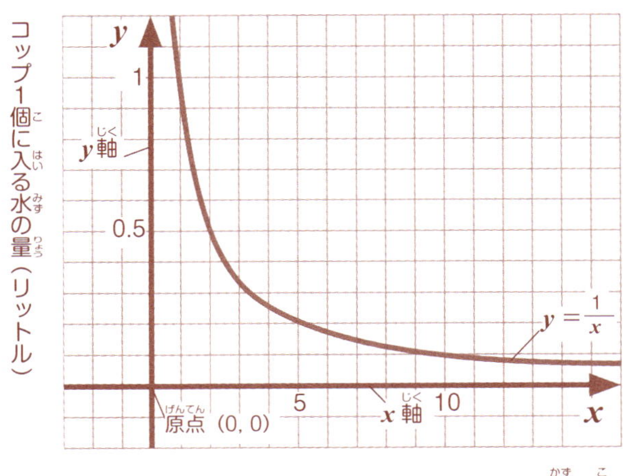

なるほど理系脳クイズ！

上の②でコップの数が5個の場合、コップ1個に入る水の量は？　①0.2リットル　②0.5リットル

6 テストの順位
平均点はクラスの真ん中？

テストの結果発表などで「平均点」という言葉を耳にすることがあります。これはクラスの人数で割った値のことです。平均点（平均値）を見ることで、自分のテストの点数が、ほかの人にくらべて高い、もしくは低いかがわかります。

ただし、クラスの中に飛びぬけて点数の高い人がいると、平均点は大きくなることがあります。平均点だからといって、クラスの真ん中の成績であるとはかぎらないのです。

そのため、最頻値や中央値にも注目します。「最頻値」とは、最もよく出てくる点数（値）、「中央値」とは点数順に並べたときに、ちょうど真ん中にくる点数（値）です。平均値・最頻値・中央値が似たような値であれば、飛びぬけて点数の高い人はいないということになります。

ハカセMEMO！

平均点のイメージ

平均点（平均値）は、右の図のように「データのでこぼこを平らにしたもの」といえるのじゃ。

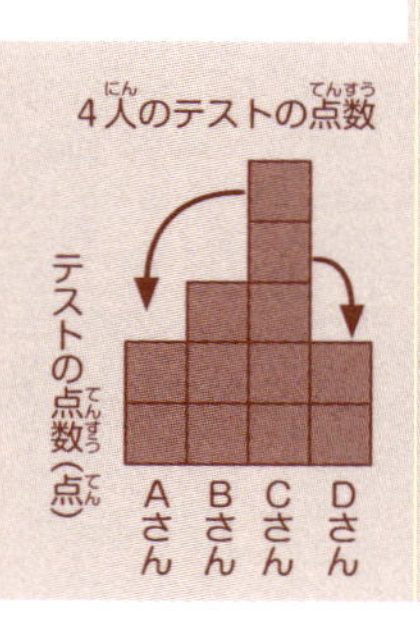

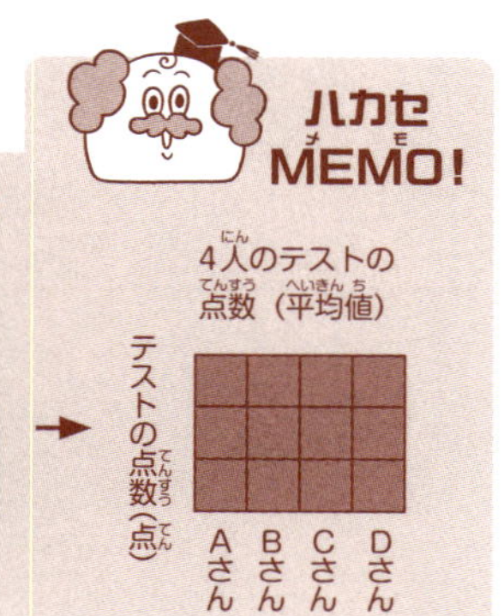

クイズの答え：P25➡①

平均値・最頻値・中央値

①テストの結果

名前	点数(点)
A	70
B	76
C	67
D	68
E	72
F	75
G	71
H	70
I	68
J	72
K	68
L	66
M	77
N	64
O	73
平均点：70.5点	

点数順に並べたテストの結果

名前	点数(点)
M	77
B	76
F	75
O	73
E	72
J	72
G	71
A	70
H	70 ←中央値
D	68
I	68
K	68
C	67
L	66
N	64
平均点：70.5点	
最頻値：68	
中央値：70	

②飛びぬけて高い点数の人がいる場合のテストの結果

名前	点数(点)
い	70
ろ	68
は	75
に	64
ほ	68
へ	73
と	66
ち	71
り	100
ぬ	77
る	68
を	100
わ	76
か	72
よ	67
平均点：74.3点	

点数順に並べたテストの結果

名前	点数(点)
り	100
を	100
ぬ	77
わ	76
は	75
へ	73
か	72
ち	71 ←中央値
い	70
ろ	68
ほ	68
る	68
よ	67
と	66
に	64
平均点：74.3点	
最頻値：68	
中央値：71	

なるほど理系脳クイズ！

A、B、Cさんがそれぞれ鉛筆を4本、6本、8本買ったときの平均値は？ ①5本 ②6本

どう使い分ける？

さまざまな種類のグラフ

　テレビや新聞、パンフレットなどでは、情報をわかりやすく伝えるために、グラフが使われることがあります。グラフにはさまざまな種類がありますが、これらはどのように使い分けられているのでしょうか。

　たとえば「棒グラフ」は、主に値の大きさをくらべるときに使われます…①。また「折れ線グラフ」は、値の変化のようすをわかりやすく伝えるという特徴があります…②。

　割合の大きさをとくに示したいときに使われるのが、「円グラフ」や「帯グラフ」です。円グラフは割合が一目でわかりやすく…③、帯グラフはいくつか並べることで割合の移りかわりを見やすくできます…④。

　そして、データの散らばり具合を示すときには、主に「ヒストグラム」が使われます…⑤。

難　ハカセMEMO！

ヒストグラムと度数分布

ヒストグラムでは、まず「１時間以上２時間未満」「1000円以上2000円未満」などのような「階級」をいくつかつくるのじゃ。そして、それぞれの階級にふくまれるデータの数を、表にまとめるのじゃ（この表は「度数分布表」とよばれるゾ）。これをグラフにすると、ヒストグラムの完成じゃ。

クイズの答え：P27➡②

さまざまなグラフ

①棒グラフ

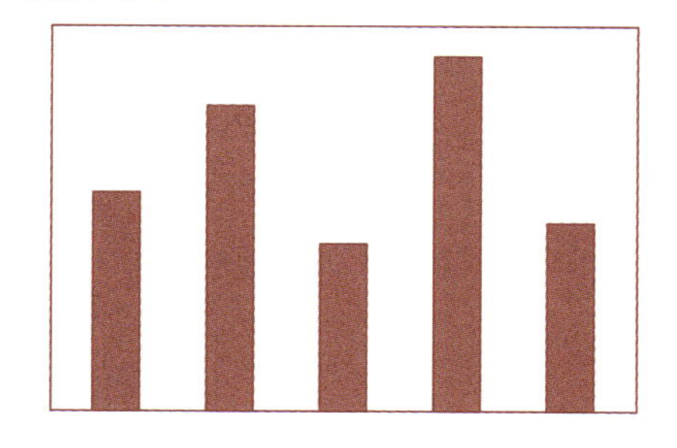

②折れ線グラフ

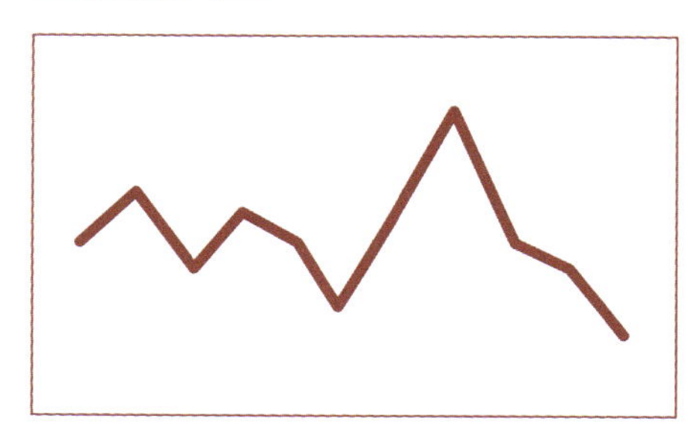

③円グラフ

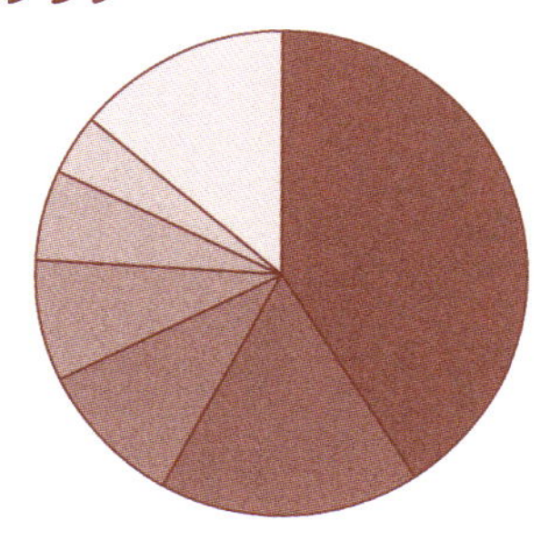

④帯グラフ

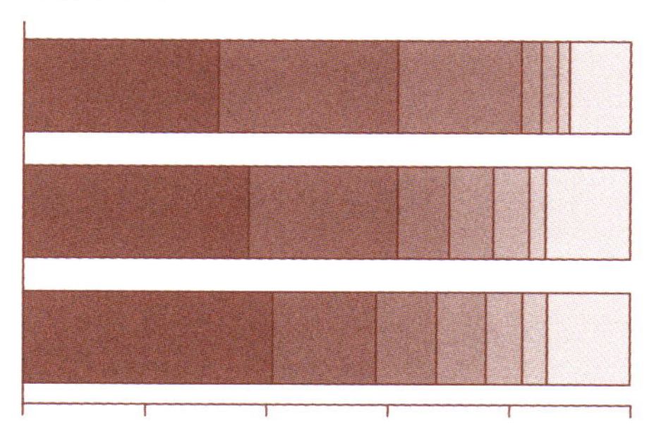

⑤ヒストグラム

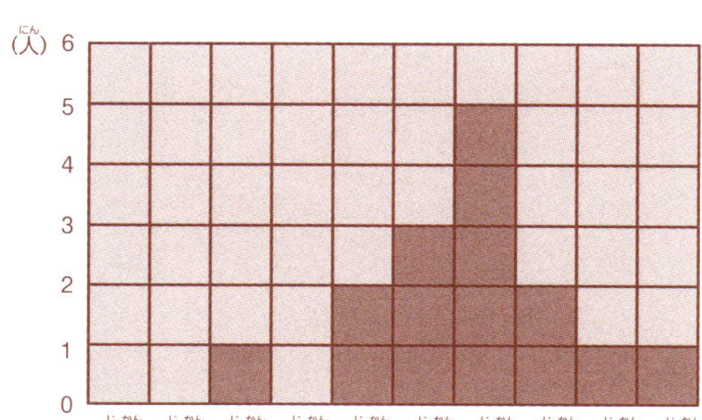

「6時間以上7時間未満」の人が5人いるってことだね！

なるほど理系脳クイズ！

「2時間未満」は2時間をふくむ？　①ふくむ　②ふくまない

8

本当に…!?

サイコロには出やすい"数"がある

いくつかのサイコロをふり、出た目を合計すると、ある数になりやすいといいます。本当に、そのようなことがあるのでしょうか。

サイコロAとBで、目の合計が「2」になる場合と、「3」になる場合で考えてみましょう。

合計が2になる目の組み合わせは「1と1」、3になる組み合わせは「1と2」です。ただし、1と1になるのは「A…1／B…1」しかありませんが、1と2になるのは「A…1／B…2」「A…2／B…1」の2通りあります。

したがって、サイコロを2個ふった場合、出た目の合計は、2よりも3のほうが出やすいということになります。

同じように、サイコロを3個ふった場合、最もよく出る目の合計は「10」と「11」です。ちなみに、どちらも27通りあります。

順列と組み合わせ

2つのサイコロをふり、出た目の合計が3になる組み合わせを考える場合、「1と2」といったように、並べる順番をふくめずに考えることを「組み合わせ」というゾ。これに対し、「サイコロA…1」「サイコロB…2」、「サイコロA…2」「サイコロB…1」のように、並べる順番をふくめて考えることを「順列」というのじゃ。

クイズの答え：P29➡②

サイコロの“マジック”

サイコロAと、サイコロBをふったとき…

①合計が2となる場合

A

B

②合計が3となる場合

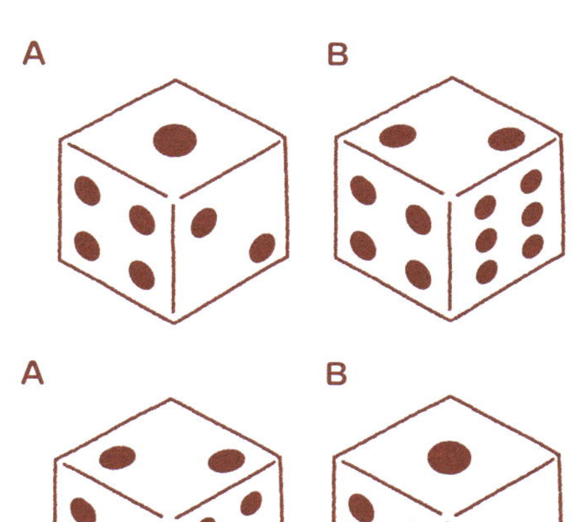

★コインの表と裏はどちらが出やすい？

コインを1枚投げたとき、表と裏の出やすさにちがいはあるのだろうか。1000回コインを投げる実験を編集部で行ったところ、表508回、裏492回だった。ただし、これを1万回、1億回…とくりかえしていくと、それぞれ同じ回数に近づいていくんだ（＝出やすさは同じ）。

同じ面が何回も連続で出ることもあるんだって！

なるほど理系脳クイズ！

サイコロを2個ふったとき、最もよく出る目の合計は？　①7　②10　③12

9 雨は降る？ 天気予報と「降水確率」

物事のおこりやすさの度合いを「確率」といいます。
確率と聞いて多くの人が思いうかべるのが、天気予報の「降水確率」でしょう。
降水確率は、雨の降りやすさを示したものです。たとえば「降水確率30％」であれば、１００回天気予報が発表されたら、そのうち約30回は、1ミリメートル以上の雨が降るということです。
ただし、降水確率は10％単位でしか発表されません。つまり「降水確率０％」という発表には、降水確率１％以上５％未満の場合もふくまれるので、雨の降る可能性がまったくないわけではないのです※。
反対に、降水確率が95％以上の場合は「降水確率１００％」と発表されるので、雨が降らない可能性もあります。

※１ミリメートルに達しない雨が降る可能性もある。

以上、以下、未満

「以上」「以下」「未満」はどれも似ていて、使い方をまちがえてしまいそうじゃのォ。たとえば「10以上」の場合、10をふくむそれより大きい数のことじゃ。「10以下」は、10をふくむそれより小さい数のこと。これに対し「10未満」は、10をふくめずに、それより小さい数のことをいうゾ。

クイズの答え：P31➡①（36通り）

日常生活のなかの「確率」

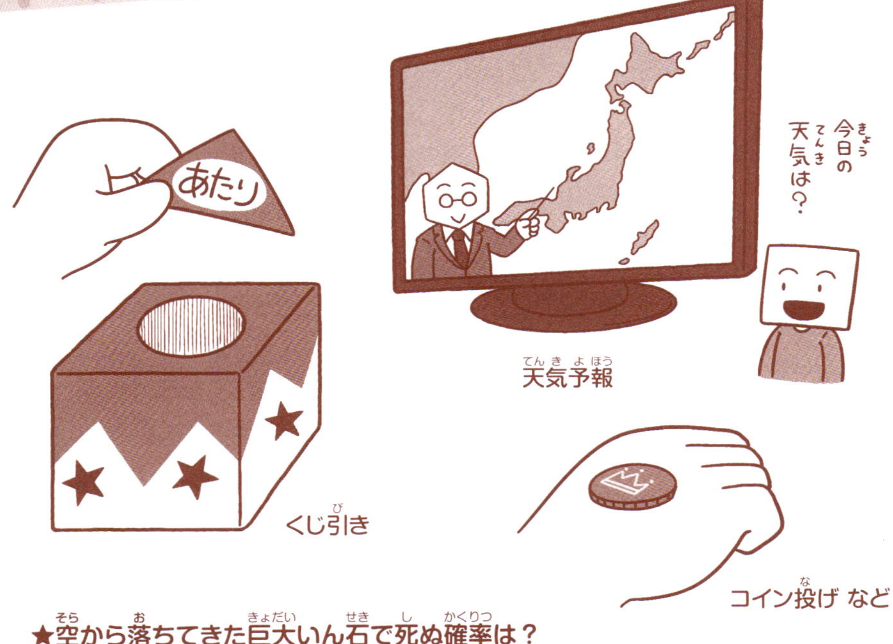

★空から落ちてきた巨大いん石で死ぬ確率は？

約 $\dfrac{1}{\text{3万2400}}$

＝（15億 ÷ 50万）÷ 70億 × 72

世界で15億人が死亡するような巨大いん石のしょうとつは、50万年に一度おきる。1年あたりの死亡者数は、15億人÷50万＝3000人となる。この3000人を世界の人口70億人で割り、現在の世界の平均寿命72年をかけることで、確率を求めた※。

※アメリカのクラーク・チャップマン博士の「小惑星と彗星による地球への影響：危険性評価」という論文をもとに、現在の世界の平均寿命で計算した。

なるほど理系脳クイズ！

日本ではどちらの確率のほうが高い？　①交通事故にあう確率　②自宅が火事になる確率

すごいぞ！算数とAIの深～い関係

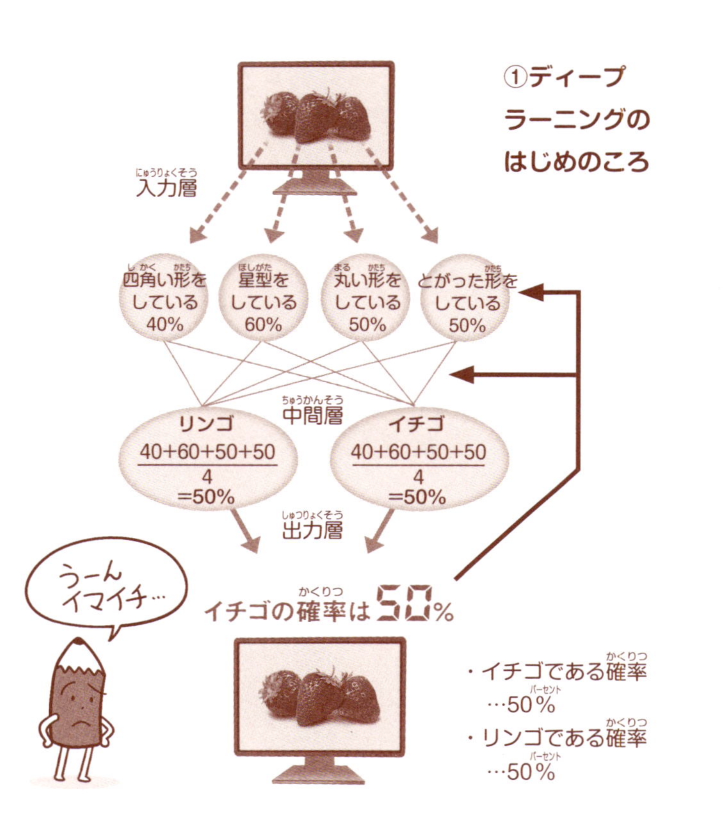

世の中には、AI（人工知能）を使った機器やサービスがたくさんあります。たとえば、障害物や歩行者をとらえ、ドライバーに危険を知らせる「自動車のカメラ」や、人間の言葉を聞き取り、指示を実行する「スマートスピーカー」などです。

これらはまず、とらえたデータ（画像や音声）をぶんせきします。そして、つかんだ特徴を〝AI自身がもっている知識〟をもとにさらにぶんせきして、物体の正体や音声の内容を認識します。

ちなみに、AIはたくさんのデータをあつかうほど〝知識〟がふ

AIがイチゴを認識するしくみ

②ディープラーニングをくりかえしたあと

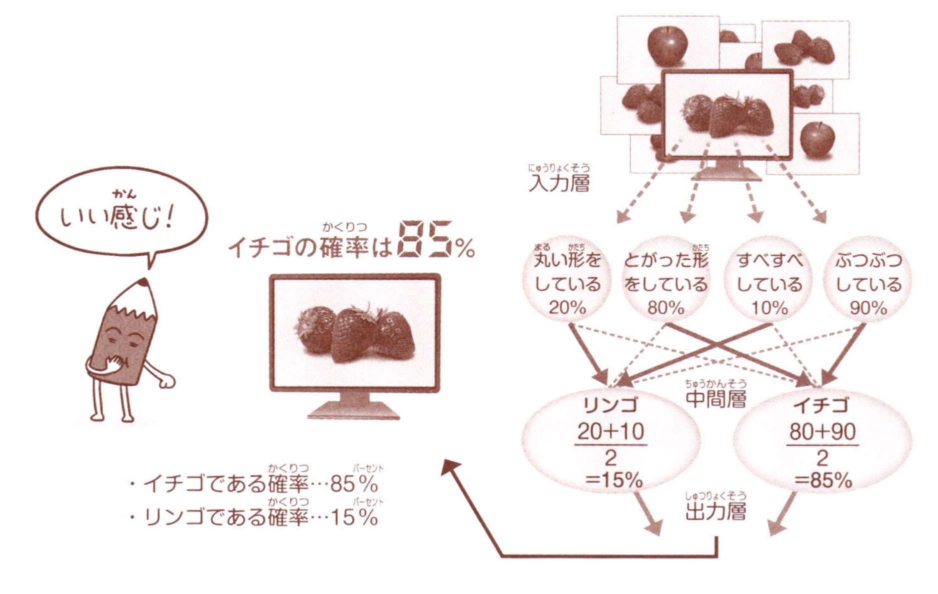

えて、結果の確かさが増していきます。このようなしくみを「ディープラーニング」といいます（上のイラスト）。

AIには、確率をはじめ、算数や数学に登場するさまざまな知識がかかわっています。

ハカセMEMO！

人間とたたかうAI

チェスや将棋、囲碁の世界では、古くからAI（コンピューター）と人間の勝負がくり広げられてきたのじゃ。とくにチェスは歴史が古く、はじめてAIがチェスの競技会に参加したのは、今から55年以上も前の1967年なのじゃ。

なるほど理系脳クイズ！

文章や音声、画像などを自動でつくる技術を何という？　①BBQ　②コンテンツ　③生成AI

パン屋のウソを見ぬけ！
う〜〜ん…
うーん…
ふあ〜
どうしたの？
パンの前でうなったりなんかして
う〜ん…
これ毎日買っている「350グラム」パンだよね…？
350g パン
じー…

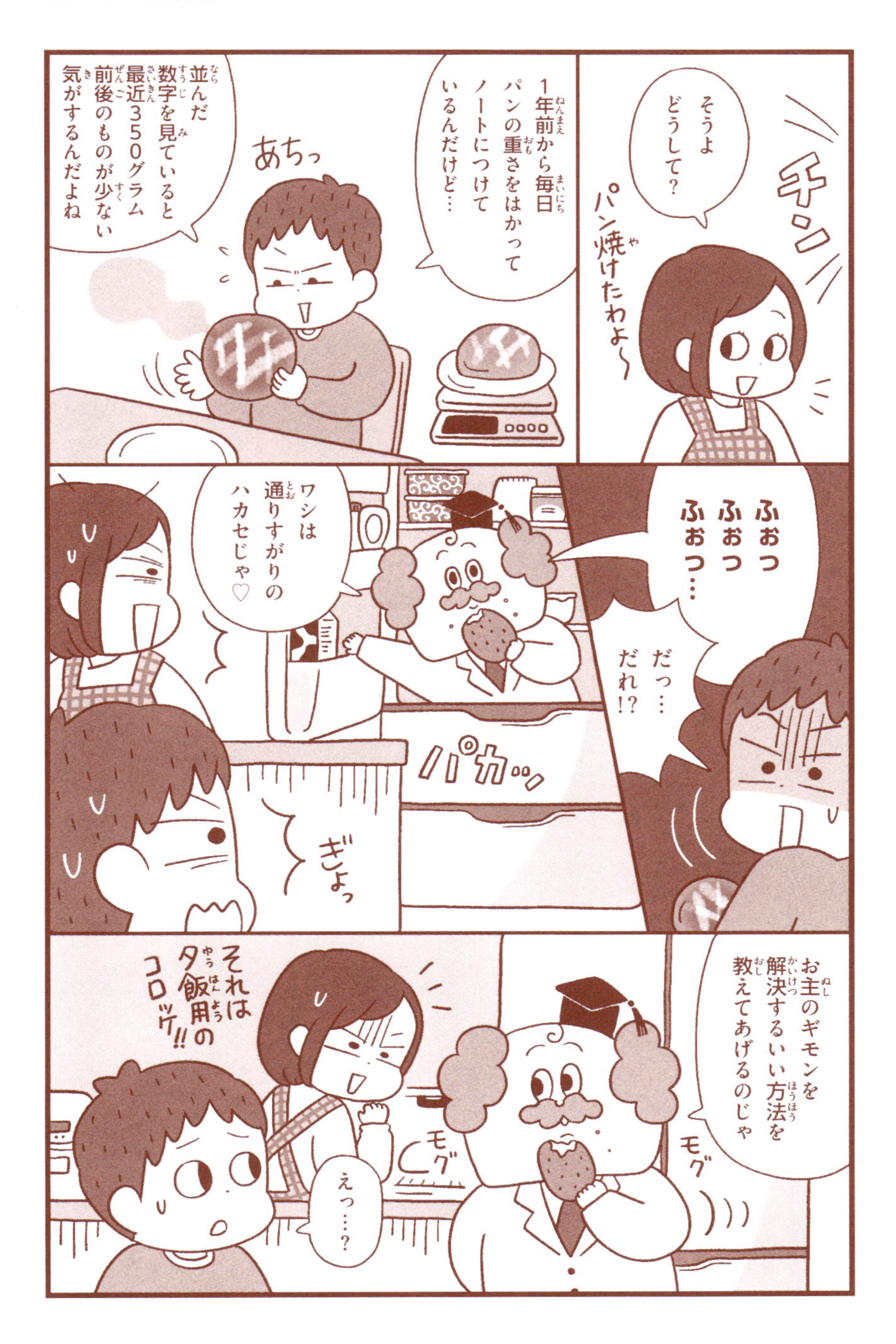
チンッ
パン焼けたわよ〜
そうよ どうして？
1年前から毎日 パンの重さをはかって ノートにつけて いるんだけど…
あちっ
並んだ 数字を見ていると 最近350グラム 前後のものが少ない 気がするんだよね
ふぉっ ふぉっ ふぉっ…
だっ…だれ!?
パカッ
ワシは 通りすがりの ハカセじゃ♡
ぎょっ
お主のギモンを 解決するいい方法を 教えてあげるのじゃ
モグ
モグ
それは 夕飯用の コロッケ!!
えっ…？

お主がノートに書き留めたパンの重さはこれじゃな？
いつの間に!?
さっ
ええっ!?
○月
340グラム
352グラム
348グラム
323グラム
335グラム
341グラム
318グラム
325グラム
330グラム
この数値をもとにヒストグラムをかいてみると…
(個数)
120
100
80
60
40
20
0
280グラム未満
281グラム以上290グラム未満
291グラム以上300グラム未満
301グラム以上310グラム未満
311グラム以上320グラム未満
321グラム以上330グラム未満
331グラム以上340グラム未満
341グラム以上350グラム未満
351グラム以上360グラム未満
361グラム以上
(パンの重さ)
グラフの頂点が「331グラム以上340グラム未満」のところにあるね
ほれどうじゃ

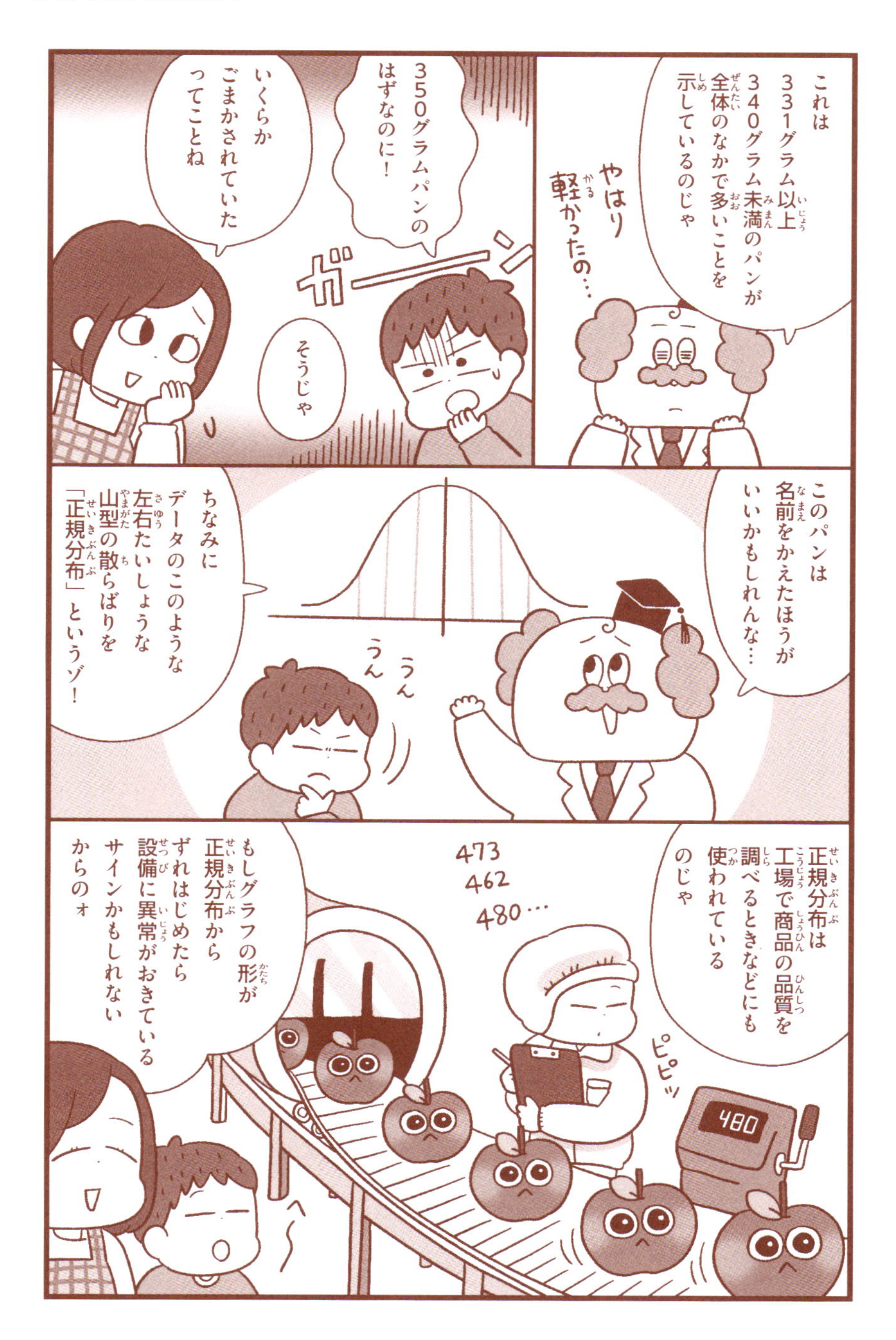
これは
331グラム以上
340グラム未満のパンが
全体のなかで多いことを
示しているのじゃ
やはり
軽かったの…
350グラムパンの
はずなのに！
ガーーーン
いくらか
ごまかされていた
ってことね
そうじゃ
このパンは
名前をかえたほうが
いいかもしれんな…
ちなみに
データのこのような
左右たいしょうな
山型の散らばりを
「正規分布」というゾ！
うん
うん
正規分布は
工場で商品の品質を
調べるときなどにも
使われている
のじゃ
473
462
480…
もしグラフの形が
正規分布から
ずれはじめたら
設備に異常がおきている
サインかもしれない
からのォ
ピピッ
480

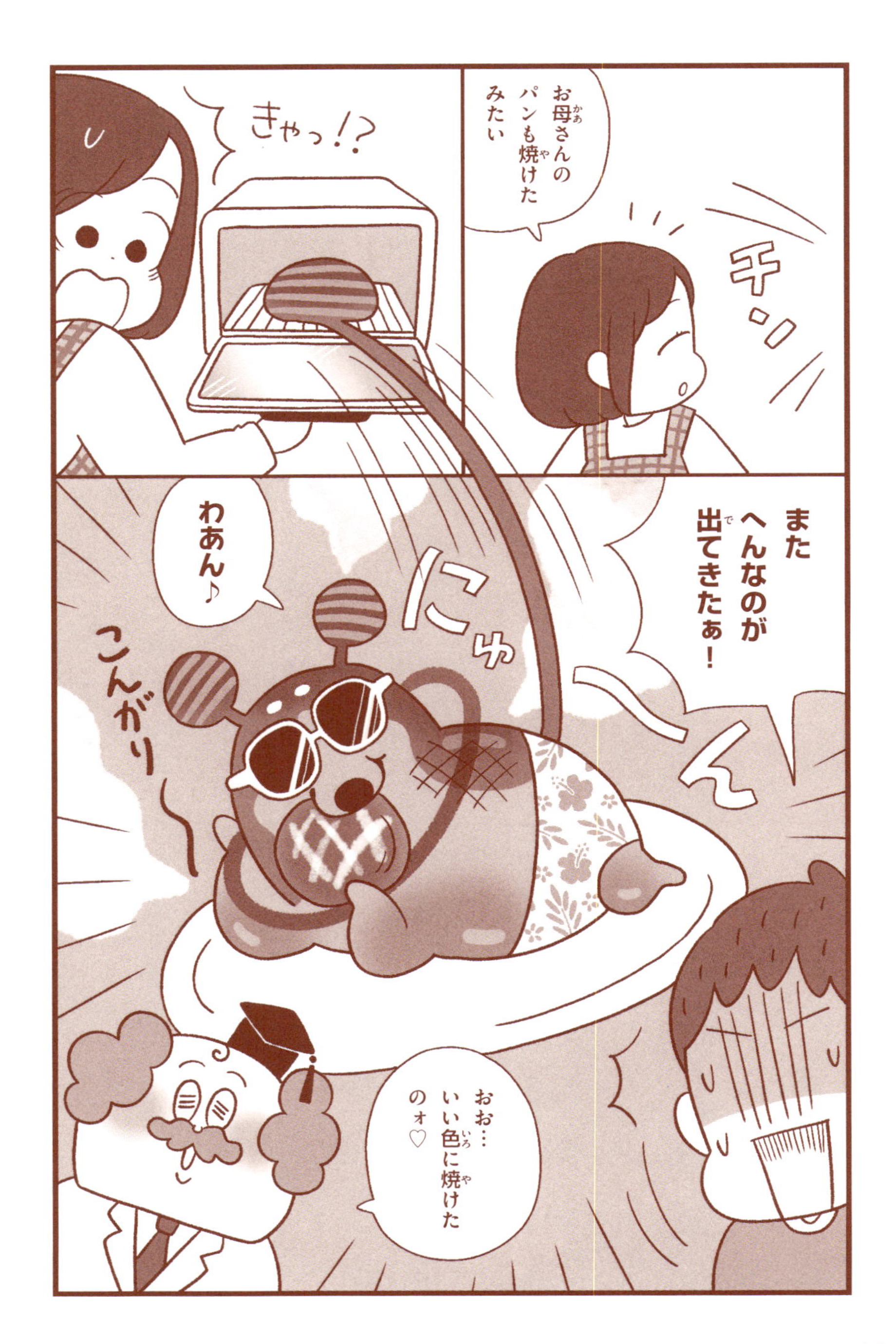
お母さんのパンも焼けたみたい
チーン
きゃっ!?
またへんなのが出てきたぁ!
にゅ〜〜ん
わあん♪
こんがり〜
おお…いい色に焼けたのォ♡

2章
おもしろい「数と計算」

ランダムに並んだ「乱数」
（→52ページ）

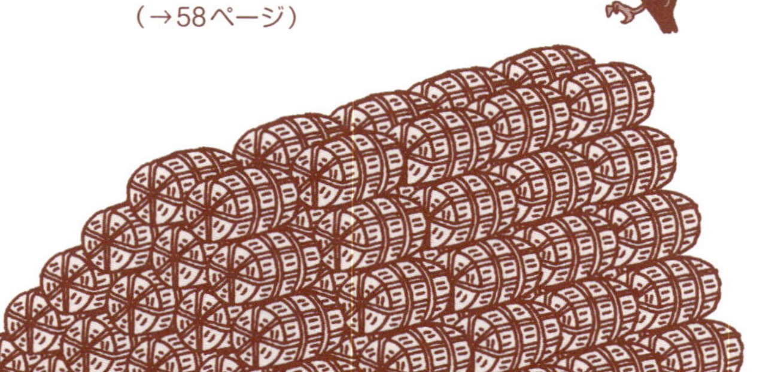

殿様からのほうびがふえた！
（→58ページ）

A4
B5

コピー用紙のサイズの秘密
（→56ページ）

3.14…

どこまでもつづく「円周率」
（→54ページ）

油分け算（→66ページ）

さくらんぼ計算（→60ページ）
概数（→62ページ）
ロシア農民のかけ算（→64ページ）

フィボナッチ数列
（→68ページ）

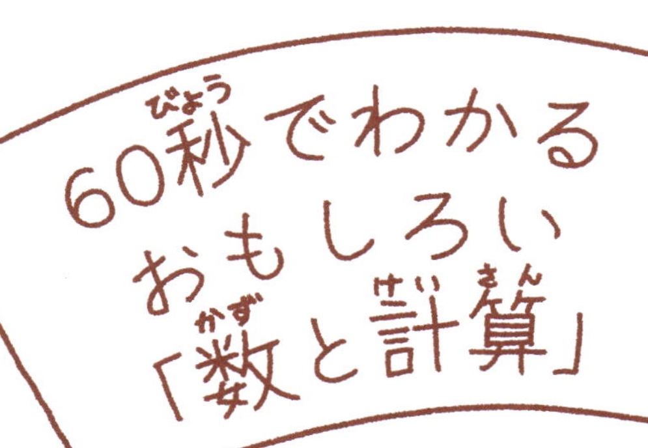

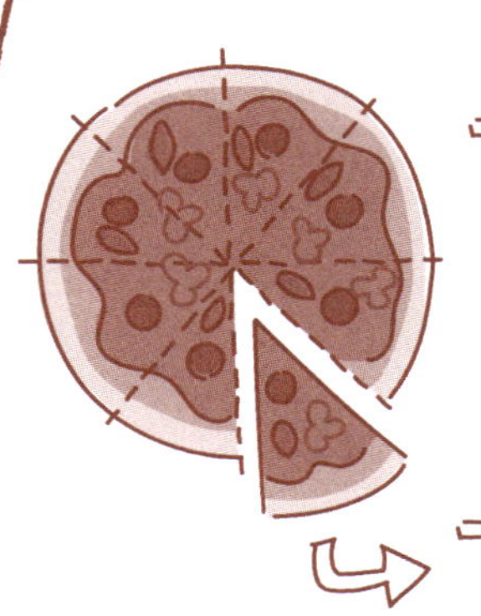

数には種類がある！
（→44ページ）

生き残った「13年ゼミ」
（→48ページ）

0と1だけで表現する！
コンピューターの世界
（→50ページ）

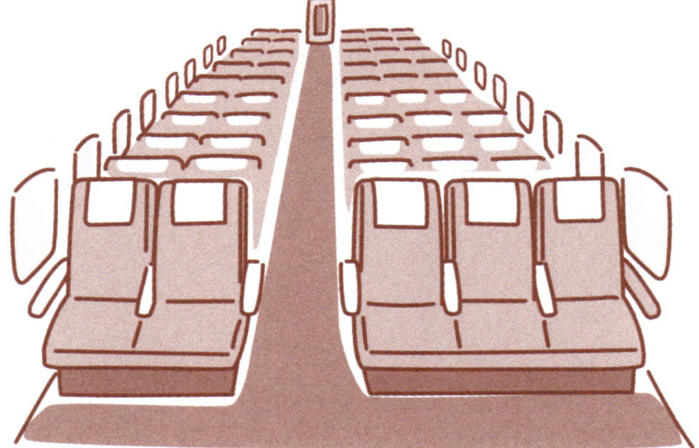

新幹線の座席と約数
（→46ページ）

数には種類がある！

自然数、小数、分数…

算数にはさまざまな数が登場しますが、数は大きく「自然数」「小数」「分数」に分けられます。

1個、2個、3個とものを数えたり、順番をあらわしたりするときに使う数が「自然数」です…①。

ものを分けるときに登場するのが「分数」で…②、ものを分けたとき1に満たないはした（あまり）を示すのが「小数」です…③。

また、自然数と0、0より小さい数を、あわせて「整数」といいます※…④。

0より小さい整数は、−5などのように数の前に「マイナス（−）」の記号がつきます。これらは「負の整数」とよばれます。

負の整数に対し、自然数は「正の整数」とよばれることもあります。正の整数には、数の前に「プラス（＋）」の記号がつきますが、多くの場合は省略されます。

※算数の授業では、自然数と0を「整数」とよぶことがある。

偶数と奇数

自然数（正の整数）は、偶数と奇数にも分けられるゾ。「偶数」とは、2、4、6、……など2で割り切れる数のことじゃ。これに対し「奇数」は1、3、5、……など2で割り切れない数のことじゃ。なお、「0」は2で割り切れるので偶数じゃ！

数にもいろいろある！

①自然数

1個、2個、3個とものを数えたり、順番をあらわしたりするときに使う数。0はふくまない。

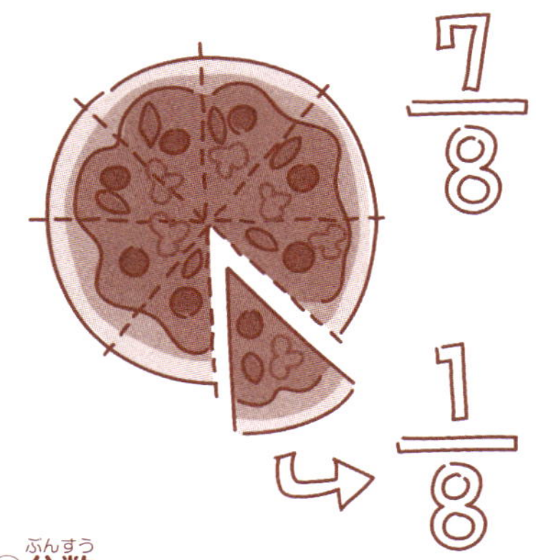

②分数

丸いピザを8つに切り分けると、ピザ1切れは$\frac{1}{8}$枚、残りは$\frac{7}{8}$枚とあらわすことができる。なお、分数では必ず「等しく分ける」ことになっているので注意しよう。

③小数

ジュースをコップに入れたら、1ぱいと少しあまった。“少し”の量は、コップの半分なら「0.5」、4分の1なら「0.25」などとあらわすことができる。

④整数

自然数と0、0より小さい数。

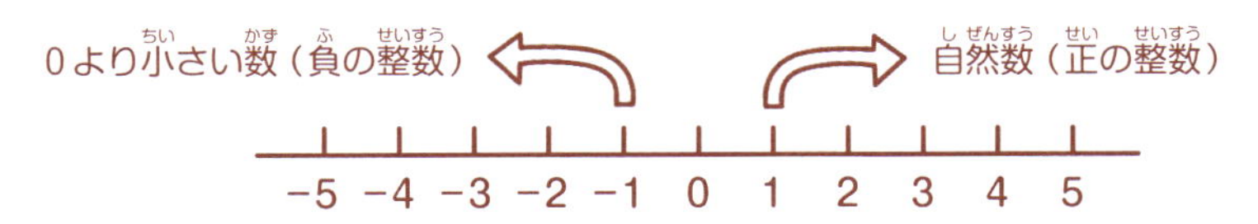

なるほど理系脳クイズ！

次のうち、偶数はどれ？　①243　②3659　③72898

②

なるほど！新幹線の座席と約数

新幹線には「2人がけのシート」と「3人がけのシート」が通路をはさんで左右に（横一列に）配置されています※。これは、快適により多くの人を運ぶためですが、ほかのメリットもあります。

ある数を割り切ることができる数を「約数」といいます。10を例にすると、10÷10＝1、10÷5＝2、10÷2＝5、10÷1＝10、というように割り切れるので、1、2、5、10が10の約数です。

実は、ほとんどの数は「2」「3」「2と3を足し合わせた数」で割り切れます。たとえば4は2で割り切れます。5は、2と3を足した5で、15は3、10、15で割り切れます。

つまり、2人がけのシートと3人がけのシートがあれば、ほとんどの家族やグループで、だれかが〝ひとりぼっち〟になるということがおこりにくいのです。

※車両によっては、ことなる場合もある。

公約数

ある数とある数に共通する約数を「公約数」というゾ。たとえば「10」の約数は1、2、5、10で、「15」の約数は1、3、5、15じゃが、このうち1と5が「10と15の公約数」といえるのじゃ。なお、0以外のどんな整数も1で割り切れるので、公約数には必ず1が入るゾ。

クイズの答え：P45➡③

シート配置のマジック！

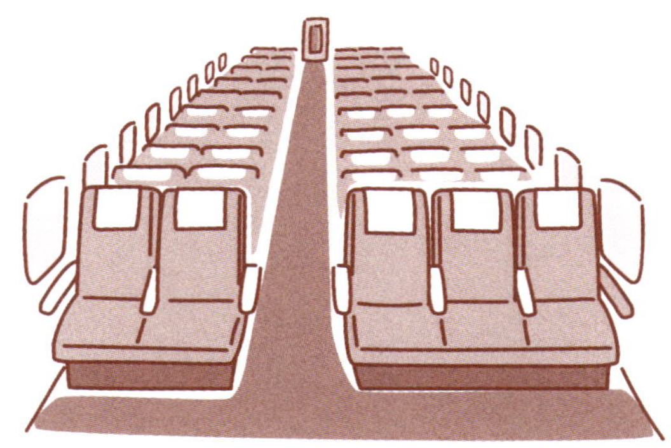

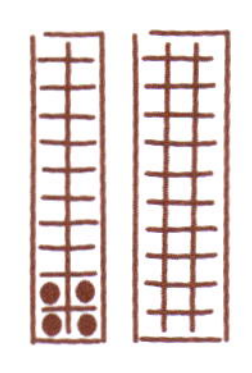

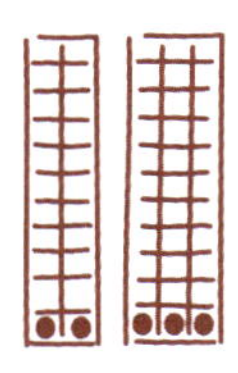

★4人グループなら…

2人がけを2つ使う。

★5人グループなら…

2人がけと3人がけを1つずつ使う。

★17人グループなら…

17の約数は1、17。17は2を4回、3を3回足し合わせるとつくれるので※、2人がけのシートが4つ、3人がけのシートが3つあれば、"ひとりぼっち"は出ない。

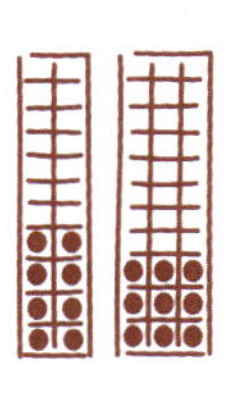

※17人グループの組み合わせはこれ以外にもある。

なるほど理系脳クイズ！

38の約数にふくまれるのは？　①3　②5　③19

3 なぜ…？生き残った「13年ゼミ」

アメリカ南部には、13年ごとに羽化※するかわったセミがいます。これらは「13年ゼミ」とよばれています。

かつては「12年ゼミ」や「14年ゼミ」、「15年ゼミ」などもいたと考えられています。

たとえば12年ゼミ※と15年ゼミは、60年に1回羽化が重なります。これは、12と15が最小公倍数であるためです。

羽化する周期のことなるオスとメスが交尾をすると、羽化する周期が親とはことなる幼虫が誕生することがありました。その結果、もとの周期で羽化するセミが減り、しだいに群れが小さくなっていった（絶滅した）と考えられます。

一方、たとえば13と12の最小公倍数は156、13と15のそれは195です。つまり、13年ゼミは羽化する年がほかのセミと重なることが少なかったので、現在も生き残っています。

※地中にいた幼虫が、地上に出てきて成虫になること。

13は「素数」

2以上の整数のうち、1とその数でしか割り切れない数を「素数」というゾ。たとえば13は、1と13でしか割り切れないので素数じゃ。素数は無限にあって、出現の仕方にも規則性はないゾ。また、素数には「ほかの数との最小公倍数が大きくなる」という性質もあるのじゃ。

クイズの答え：P47➡③

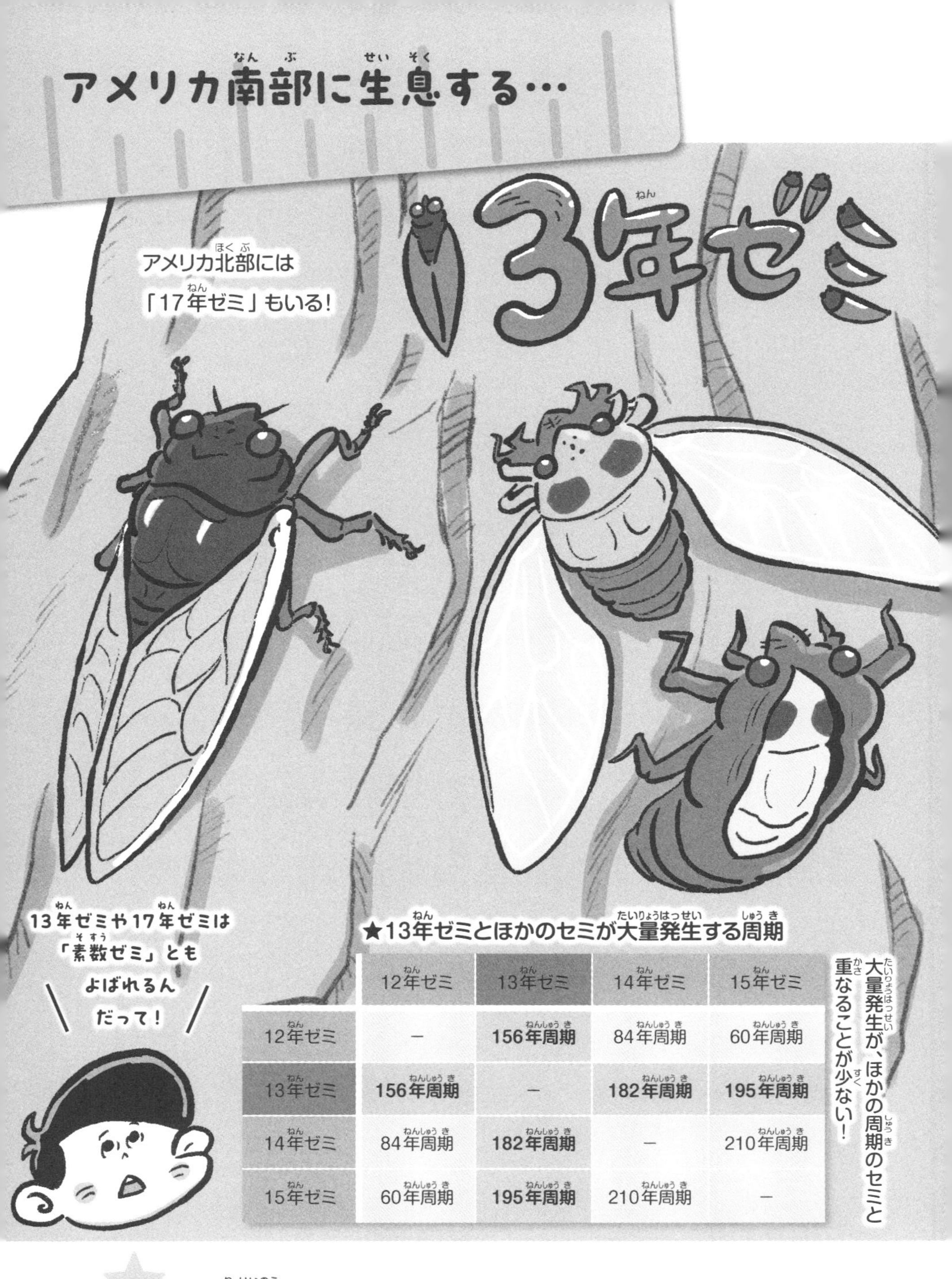

★13年ゼミとほかのセミが大量発生する周期

	12年ゼミ	13年ゼミ	14年ゼミ	15年ゼミ
12年ゼミ	−	**156年周期**	84年周期	60年周期
13年ゼミ	**156年周期**	−	**182年周期**	**195年周期**
14年ゼミ	84年周期	**182年周期**	−	210年周期
15年ゼミ	60年周期	**195年周期**	210年周期	−

なるほど理系脳クイズ!

アメリカではセミを食べるけど、何の味に近いと思う? ①ナッツやエビ ②バニラアイス

0と1だけで表現する！ コンピューターの世界

コンピューターは、すべての情報を「0」と「1」の数字だけで表現します。たとえばAという文字は「01000001」、aという文字は「01100001」といった具合です。

コンピューターの心臓部には、「トランジスタ」というスイッチがたくさん並んでいます。このスイッチを「オフ」もしくは「オン」にすることで「0」と「1」をあらわし、プログラムを実行します。

コンピューターで使われる、このような数のあらわし方を「二進法」といいます。私たちがふだん使っている数字（十進法という）の「5」と「10」を二進法であらわすと、それぞれ「101」「1010」となります。

ちなみに、カレンダーは12をひとまとまりと考えるので「12進法」、時間は60分をひとまとまりと考えるので「60進法」といえます。

コンピューターと「ビット」

コンピューターでは、数や文字、画像、音声など、すべての情報が「0」または「1」で表現されるのじゃ。これらは、コンピューターであつかわれる情報の最も小さい単位で「ビット」とよばれるゾ。たとえば「8ビット」は、256個（2^8）のデータを一度にあつかえるということじゃ。

どうちがう？ 十進法と二進法

十進法

私たちがふだん使っている数のあらわし方で、0～9を使う。

1　2　3　4　5　6　7　8　9　10（位が上がる）
11　12　13…18　19　20（位が上がる）
⋮
91　92　93…98　99　100（位が上がる）
101　102　103…108　109　110（位が上がる）

二進法

コンピューターで使われる数のあらわし方で、0と1だけであらわす。
“2つ”おきに位が上がっていく。

1　10（位が上がる）
11　100（位が上がる）
101　110（位が上がる）
111　1000（位が上がる）
1001　1010（位が上がる）

十進法と二進法の数をまとめると…

十進法	1	2	3	4	5
二進法	1	10	11	100	101

5	6	7	8	9	10
101	110	111	1000	1001	1010

★問題にちょうせん！

①十進法の11を、二進法であらわすと？
②二進法の1111を、十進法であらわすと？
（→答えは53ページ）

なるほど理系脳クイズ！
世界ではじめて開発された、実用的なコンピューターの名前は？　①ドルフィン　②エニアック

5 ゲームも音楽プレーヤーも…「乱数」なしでは成立しない！

サイコロを何回かふって、出た数字をメモしてみましょう。メモに並んだ数字には、当然何の規則性もありませんね。

このように、ランダム（でたらめ）に並んだ数字を「乱数」といいます。乱数はサイコロをふるなどの方法で、だれでも簡単に生みだすことができます。

乱数は、私たちの生活のなかでも役立てられています。たとえばコンピューターゲームで、敵のキャラクターが毎回ことなる動きをするのは、乱数を利用したプログラムのおかげです。また、複数の曲を毎回ことなる順番で再生する、音楽プレーヤーの「ランダム再生機能」にも、乱数が生かされています。

ただし、サイコロをふると同じ面が連続で出ることがあるように、同じ敵の動きや同じ曲の再生がつづくこともあります。

ハカセMEMO！

乱数さい

右のイラストは、「乱数さい」というサイコロじゃ。面は全部で20あって（正二十面体）、0～9がそれぞれ2つずつ書いてあるゾ。乱数さいを使えば、0～9の数字が登場する乱数を生みだせるのじゃ（ふつうのサイコロは、1～6しか登場しない）。

クイズの答え：P51➡②

ランダムに並んだ乱数

51ページの答え：
①1011　②15

生活で役立てられる乱数

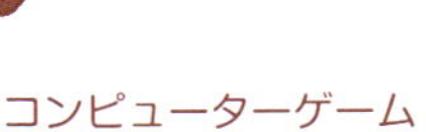
コンピューターゲーム

音楽プレーヤーの
「ランダム再生機能」　など

“ランダム”は
かたよることがある！

★どちらがランダム？

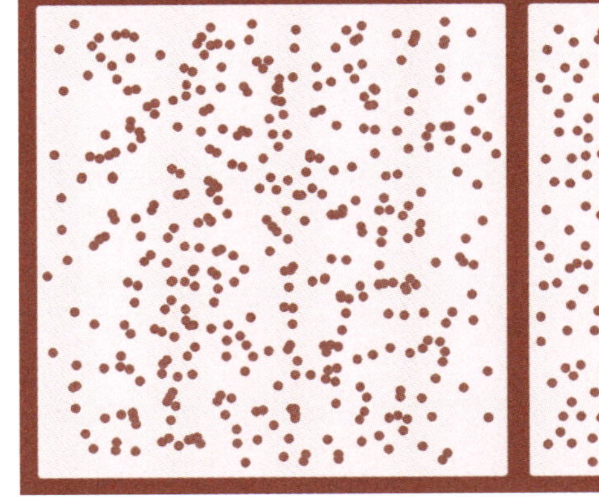

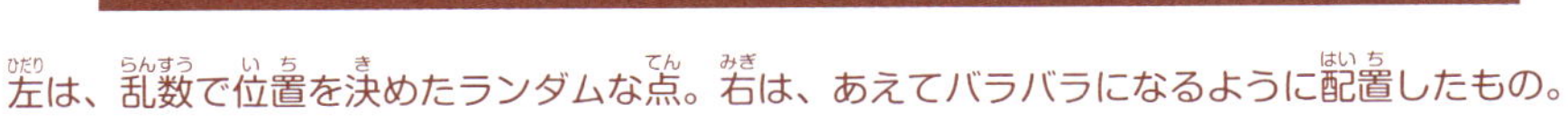
左は、乱数で位置を決めたランダムな点。右は、あえてバラバラになるように配置したもの。

なるほど理系脳クイズ！

ふつうの（立方体の）サイコロで、裏と表の数字を足すといくつになる？　①7　②10

6

3.14では終わらない！ どこまでもつづく「円周率」

円周（円のまわりの長さ）を求めたり、円の面積を求めたりするのに必要なのが「円周率」です。円周率とは、円周の長さが直径の何倍かをあらわす数です。算数の授業で円周率を3.14と習った人も多いと思いますが、実は3.141592…と〝.14〟のあとも、数字がずっとつづきます。

ちなみに、小数点以下の数字がどこまでもつづく小数を「無限小数」といいます。たとえば1/3も、小数であらわすと0.3333…となり、どこまでもつづきます。

円周率を求める計算は、大昔から数学者たちによって行われてきました。それによれば、だいたい3くらいであることは知られていました。現在はコンピューターの計算により、円周率は22兆4591億5771万8361けたまでがわかっています。

循環小数

円周率のように、終わりのない小数を無限小数というが、無限小数のなかでも0.354354…や0.9999…のように、同じパターンをくりかえすものを「循環小数」というのじゃ。また、終わりのない無限小数に対して、0.1のように終わりがある小数は「有限小数」とよばれるゾ。

無限につづく円周率

π＝3.141592653589 793238462643 383279502884 197169399375 105820974944
793238462643 592307816406 286208998628 034825342117 067982148086 513282306647
093844609550 793238462643 582231725359 408128481117 450284102701 938521105559
644622948954 930381964428 793238462643 810975665933 446128475648 233786783165
271201909145 648566923460 348610454326 793238462643 648213393607 260249141273
724587006606 315588174881 520920962829 254091715364 367892590360 011330530548 820466521384
146951941511 609433057270 365759591953 092186117381 932611793105 118548074462 379962749567
351885752724 891227938183 011949129833 673362440656 643086021394 946395224737 190702179860
943702770539 217176293176 752384674818 467669405132 000568127145 263560827785 77134275 ……

（→つづきは５ページ）

円周率は無限に規則性のない数がつづくので、なかには下のような数列がたまたま出現することがあるんだ。お気に入りの数列を検索できる海外のウェブサイトもあるので、試してみよう！（http://www.subidiom.com/sqrt2/）

★423億2175万8803けた目以降11けた

はじまりと終わりが0で、間に9～1の数が大きい順に並んでいる。

09876543210

★504億9446万5695けた目以降11けた

はじまりと終わりが0で、間に1～9の数が小さい順に並んでいる。

01234567890

★1兆1429億531万8634けた目以降12けた

円周率のはじめの12けたと同じ数列。

314159265358

なるほど理系脳クイズ！

古代バビロニア（現在のイラク南部）で使われていた円周率は？　①3.125　②3.3

ビックリ…！

コピー用紙のサイズの秘密

私たちがふだん使っているコピー用紙やノートには、A4やB5などのサイズがあります。Aは「A判」、Bは「B判」というサイズの紙であることをあらわしています。

それぞれのなかで最も大きいのがA0、B0です。A0もしくはB0を、長い辺側の真ん中で半分にしたサイズがA1もしくはB1です。

そして、A1やB1を半分にするとA2もしくはB2となります。つまりアルファベットのあとの数字は、元の大きさ（A0、B0）を半分にした回数をあらわしているのです。

また、コピー用紙はどのサイズも、長い辺が短い辺の約1.4（$\sqrt{2}$倍）になっています。これを比であらわすと、短い辺：長い辺は約1：1.4とあらわせます。

このような比を「白銀比」とよびます。白銀比は日本人に古くから愛されてきた比で、伝統的な建築物をはじめ、さまざまなところにあらわれます。

ハカセMEMO！

ルート（$\sqrt{\ }$）

$\sqrt{\ }$は根号（または平方根）とよばれる記号で「ルート」と読むゾ。上に登場した「$\sqrt{2}$」は、2回かけると2になる数という意味で、$\sqrt{2}$＝1.41421356…とあらわせるのじゃ。ちなみにこの小数は「ひとよ・ひとよに・ひとみごろ」という語呂で覚えるゾ。同じように、$\sqrt{5}$は2.2360679…なので「富士山麓に・オウム鳴く」と覚えるのじゃ。

クイズの答え：P55➡①

日本人が好きな「白銀比」

コピー用紙のサイズ

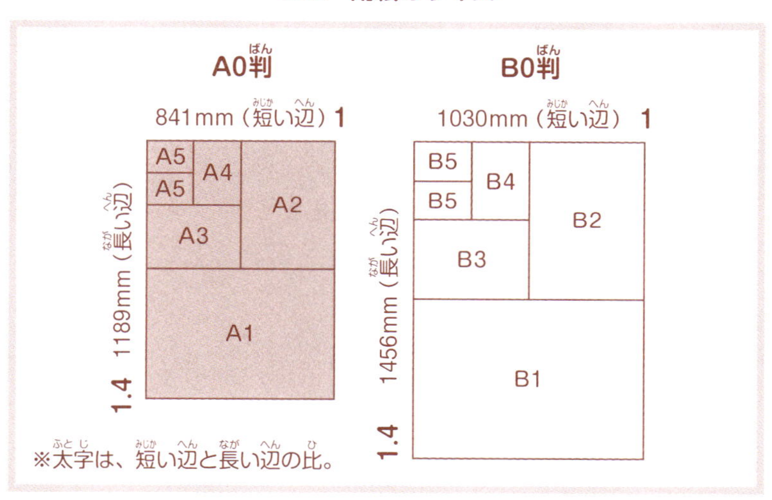

★白銀比が見られる建築物（例）

奈良県・法隆寺、金堂（左）と五重塔（右）

短い辺と長い辺は「1：1.4」
→これが白銀比！（整数に直すと約5：7）

なるほど理系脳クイズ！

白銀比が見られる建物は？ ①東京スカイツリー ②あべのハルカス ③国立競技場

8 なんと… 殿様からのほうびがふえた!

あるところに、江戸の町に落ちているゴミを、毎朝拾い歩く者がいました。そのようすはしだいに話題となり、その者は城に招かれることになりました。
殿様に「ほうびの品は何がよいか?」と聞かれたその者は、「初日はお米を1つぶ、2日目は2つぶ、3日目は4つぶ、4日目は8つぶというように、30日間毎日、前日の倍の数のお米をください」と答えました。

これを聞いた殿様は「なんとけ・・・んきょな…」と二つ返事で受け入れたのですが、日がたつにつれ、大変なことに気づきました。米は30日目に、なんと5億3687万912つぶにもなったのです。これは、米だわら約200ぴょう分です※。
このように、同じ数をくりかえしかける計算は、想像をこえるばくはつ力を秘めています。

※1ぴょう60キログラム、米つぶ268万つぶで計算した場合。

指数

同じ数をくりかえしかける計算、たとえば2×2×2は「2^3」とあらわすことができるのじゃ(2の3乗と読む)。この“3”のような数字を「指数」とよぶゾ。生活のなかでも、あるものがきゅうげきにふえるようすを「指数関数的な増加」と表現することがあるが、これが由来じゃ。

クイズの答え:P57➡①

30日後には米200ぴょう！

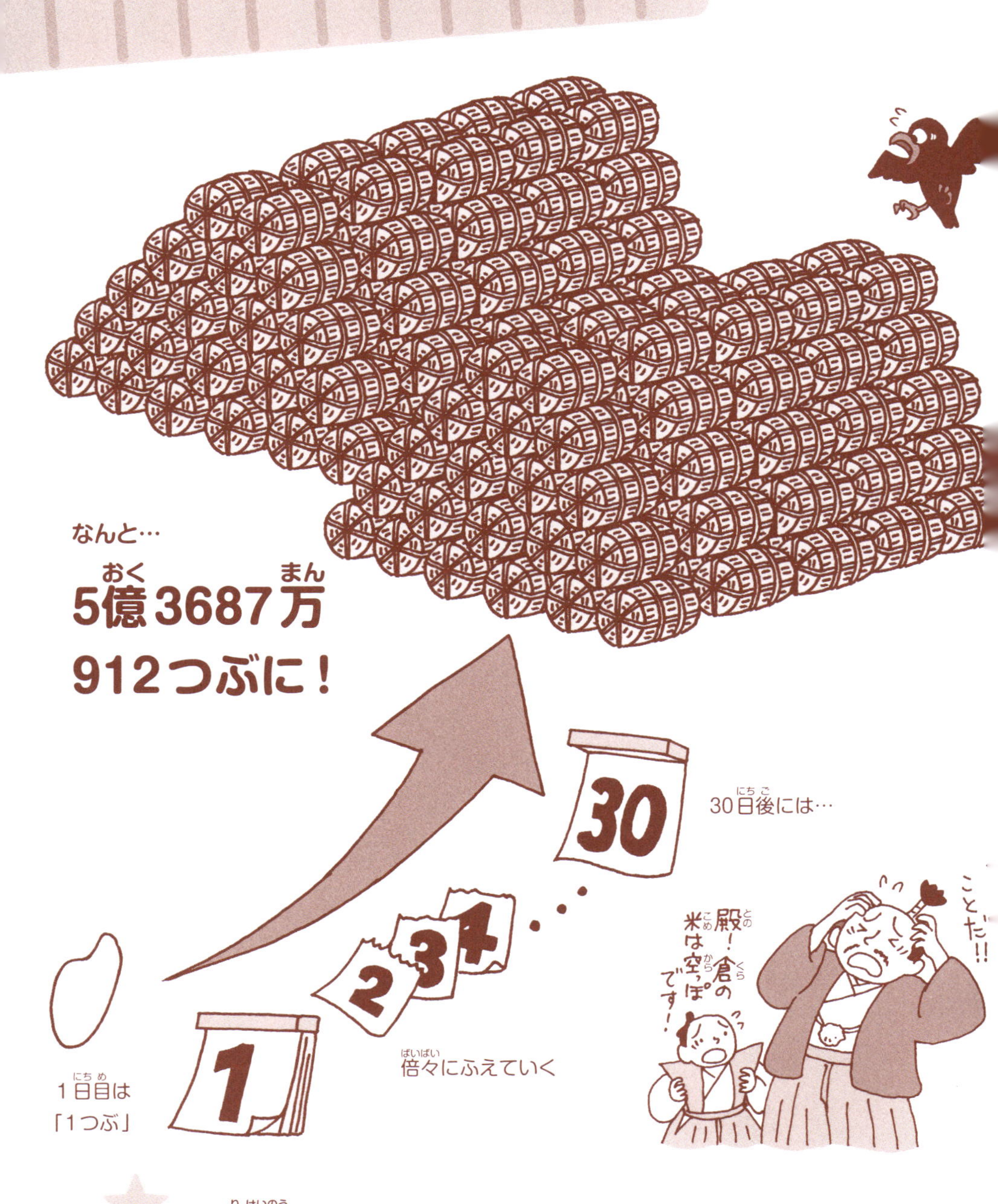

なるほど理系脳クイズ！

100000を、指数を使ってあらわすと？　①$10^3$　②$10^4$　③$10^5$

10をつくって計算する♪「さくらんぼ計算」

「8＋5」や「64＋7」のように、くりあがりのある足し算を行うには「さくらんぼ計算」が便利です。

さくらんぼ計算とは、数を2つに分けて計算しやすくする方法です。数を分けるようすが、さくらんぼに似ていることから、このようによばれます。

たとえば8＋5の場合、まず5を2と3に分けます（左ページ）。2と3に分けるのは、8＋2がちょうど10になるからです。2と3を〝さくらんぼ〟に入れると、「10＋3」という、より簡単な式にかわります。これを計算すると、13と答えが出せました。

64＋7の場合は、7を6と1に分けます。これは、64＋6がちょうど70になるためです。6と1を〝さくらんぼ〟に入れ、より簡単になった「70＋1」という式を計算すると、71と答えが出せました。

さくらんぼ計算を、引き算で使うには？

さくらんぼ計算は、くりさがりのある引き算でも使えるゾ。足し算のときと同じように、「10」をつくるように数を分けるのがポイントじゃ。たとえば12－7の場合、2つのやり方があるのじゃ。ひとつは、左ページ下の①のように12（＝引かれる数）を10と2に分ける方法、もうひとつは、②のように7（＝引く数）を2と5に分ける方法じゃ。

さくらんぼ計算の例

★足し算の場合

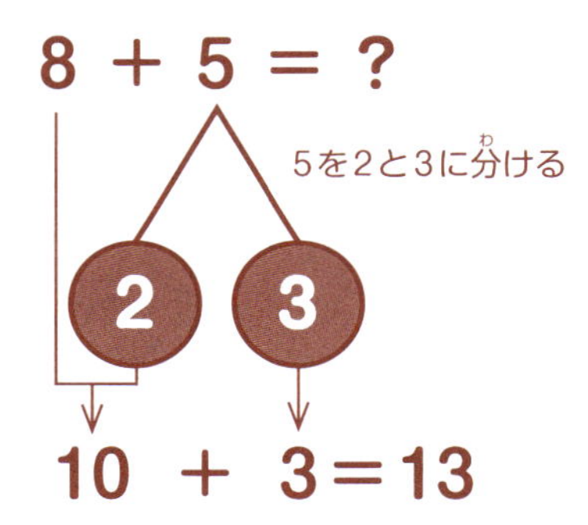

8と2を足すと10になる。次に10と3を足せば、答えは13となる。

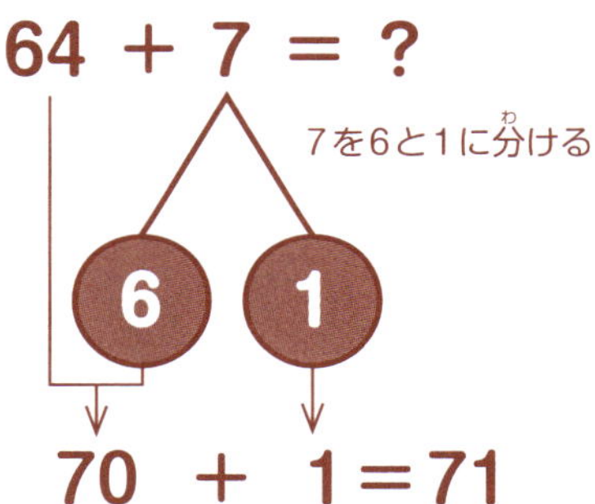

64と6を足すと70になる。次に70と1を足せば、答えは71となる。

★引き算の場合

①引いてから足す方法

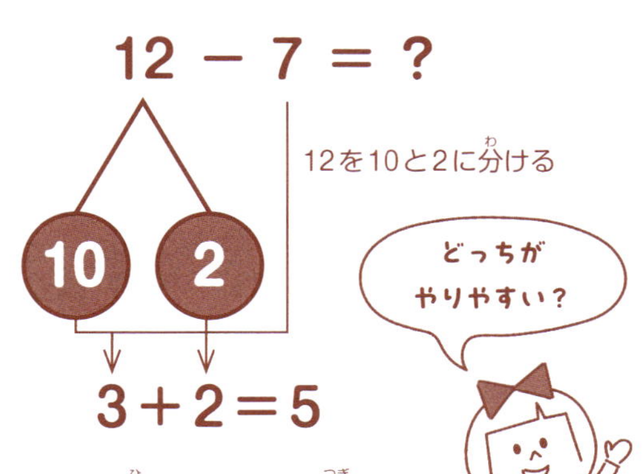

10から7を引くと3になる。次に3と2を足せば、答えは5になる。

②引いてさらに引く方法

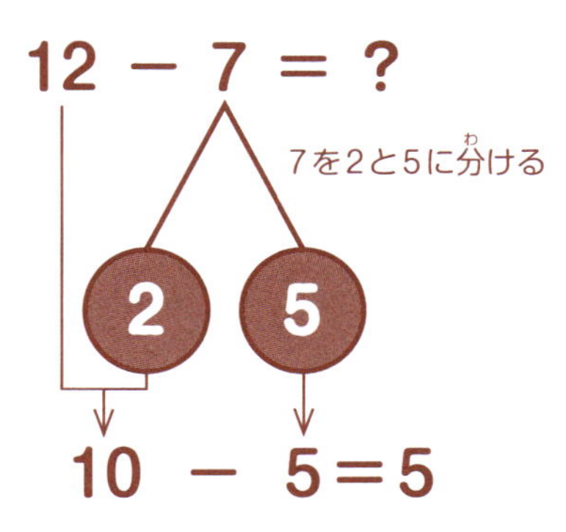

12から2を引くと10になる。次に10から5を引けば、答えは5になる。

なるほど理系脳クイズ！

サクランボの生産量が最も多いのは？　①山形県　②秋田県　③徳島県

10 おおよその数で…計算がラクになる「概数」

お店で商品をたくさん買うと、合計金額の計算が大変ですね。こんなときは、「概数」を使うと便利です。概数とは、おおよその数のことです。たとえば、4973円を「5000円」としたり、305人を「300人」としたりすることです。

では、実際に「537＋198＋1253」(円) を、概数を使って計算してみましょう。

3けたの数の場合2けた目を、4けたの数の場合3けた目を四捨五入します。四捨五入とは、0〜4は「0」に、5〜9はくりあげて「0」にすることです。

すると、537↓500、198↓200、1253↓1300となり、「500＋200＋1300」という式にかわりました。これを計算すると、合計金額は「約2000円」とわかりました（実際の合計金額は1988円）。

概数を使った引き算

概数は、足し算だけでなく引き算でも使えるのじゃ。たとえば、278円の商品を買って1000円札を出したときのおつりを知りたい場合、278→300と考え、1000 − 300という式にかえるのじゃ。これを計算すると「約700円」とわかるというわけじゃ。

商品の合計金額はいくら？

概数を使って、買ったものの合計金額を計算してみよう！

①かごに入れた商品の値段の2けた目を四捨五入する。

ピーマン…128円→**100**円

りんご…98円→**100**円

牛乳…198円→**200**円

さば…537円→**500**円

牛肉…777円→**800**円

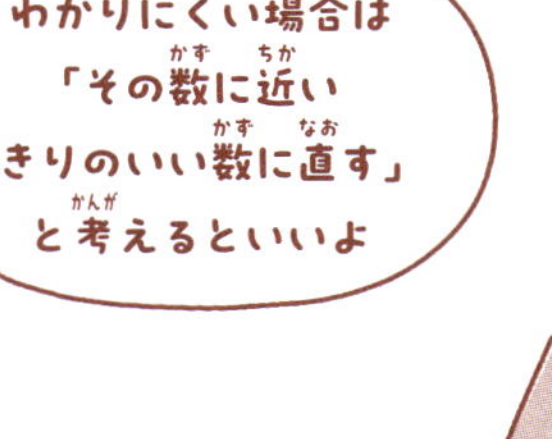

②概数にした数を足す。

100 ＋ 100 ＋ 200 ＋ 800 ＋ 500

＝ **1700**（円）

レシート

ピーマン	128
りんご	98
牛乳	198
牛肉	777
さば	537
	¥ 1738

ちなみに
実際の値段で計算すると
1738円になる！

なるほど理系脳クイズ！

2289円のものを買って、5000円を出したときのおつりは？　①約2000円　②約3000円

とっておきの裏ワザ！「ロシア農民のかけ算」

ここで、「ロシア農民のかけ算」という、計算がラクになる〝裏ワザ〟を紹介しましょう。

「18×14」で考えます。まず、18を「①の列」、14を「②の列」とします（左ページ）。①の列は、2で割った答えを下へ下へと書いていきます（あまりは無視する）。答えが奇数になったものには下線を引きます。これを、答えが1になるまでくりかえします。

次は②の列です。今度は、2倍した答えを下へ下へと書いていきます。最後までいったら、下線を引いた②の列の数字を足すと、かけ算の答えが出ます。

ちなみに、18×14は左ページ下のような方法で、暗算で解くこともできます。暗算とは、紙や計算機などを使わずに、頭の中で計算することです。ただし、この方法は18と14、21と21のように、十の位が同じ数のかけ算でしか使えません。

インドの計算法

インドにも、簡単に18×14を解く方法があるのじゃ。まず、18と、14の一の位の数字を足すのじゃ（18+4=22）。次に、両方の一の位の数字をかけるのじゃ（8×4=32）。これを右のように並べて足すと、答えが出るゾ。なお、この方法は19×19の計算まで使えるのじゃ。

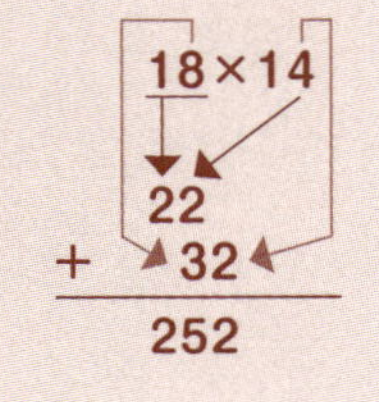

“裏ワザ”で解いてみよう！

★ロシア農民のかけ算

$$18 \times 14$$

	①の列	②の列	
2で割る	18	14	2倍する
2で割る	9	**28**	2倍する
2で割る	4	56	2倍する
2で割る	2	112	2倍する
	1	**224**	

$$28 + 224 = 252$$

★18×14の暗算

まず、14の一の位の「4」を18に足す…❶。18×14は「22×10」という式にかわり、計算しやすくなる…❷。この計算で求めた220に、18の一の位「8」と、14の一の位「4」をかけた32を足すと答えが出る…❸。

$$18 \times 14 = ? \quad \cdots\cdots❶$$

$$22 \times 10 = 220 \quad \cdots\cdots❷$$

$$220 + 32 = 252 \quad \cdots\cdots❸$$

不思議だね～

なるほど理系脳クイズ！

インドととなりどうしにある国は？　①ロシア　②ベトナム　③ネパール

江戸時代の計算問題 「油分け算」にちょうせん！

私たちが知っている算数（数学）は、明治時代に、西洋から日本に伝わったものです。このような「洋算」に対し、とくに江戸から明治にかけて発達した、日本独自の数学を「和算」といいます。

和算とは、どのようなものなのでしょうか。たとえば、和算が発展するきっかけとなったとされる『塵劫記』という本では、九九や基本的な四則計算、日常生活で役に立つ面積や利息の計算、そろばんの使い方などが、例題とともに解説されています。

では、塵劫記にのっている「油分け算」という問題を解いてみましょう。おけに入った油10リットルを、7リットルのますと3リットルのますを使って、5リットルずつに分けるにはどうしたらいいでしょうか※。ややむずかしいので、表を書いて手順を考えるといいかもしれません。

※単位はわかりやすいように、升からリットルにかえている。

ハカセMEMO！

江戸時代のベストセラー

長い戦国時代がようやく終わりを告げた江戸時代初期、暮らしは以前よりも豊かになり、人々の「勉強したい！」という気持ちが少しずつ高まっていったのじゃ。このようなことから、和算の入門書である『塵劫記』は、大人気となったゾ。

和算の問題を解いてみよう！

問題

おけに入った油10リットルを、7リットルのますと3リットルのますを使って、5リットルずつに分けるにはどうしたらいいでしょうか。

（↑）江戸時代の油売り

あたえられた容器だけを使って油を分ける方法を考える問題を「油分け算」というよ！

★ルール

たとえば「3リットルのます」なら、3リットルずつしか移動させられない。
（ただし、移動先の容器に油が入り切らず、ますに残ってしまった場合はOK）

★ヒント

①3リットルのますを3回使って、おけから7リットルのますに油を移す。
②3回目は1リットルしか入らないので、3リットルのますには2リットルの油が残る。
③7リットルのますに入った油を、おけに移す。そして…

		①	①	②	③…
おけ（10リットル）	10	7	4	1	
7リットルのます	0	3	6	7	
3リットルのます	0	0	0	2	

→答えは155ページ！

なるほど理系脳クイズ！
江戸時代は、約何年間つづいた？　①100年　②260年　③750年

13

不思議な数の並び「フィボナッチ数列」

12世紀後半から13世紀中ごろに活やくしたイタリアの数学者、レオナルド・フィボナッチは、『計算の書』という自身の本の中で、次のような問題を紹介しています。

「ウサギのつがい※が生まれました。このつがいは、成長して親になるのに1か月かかり、2か月目からは毎月つがいを産みます。生まれたつがいも1か月で成長し、2か月目から毎月つがいを産みます。12か月目には、つがいの数はいくつになっているでしょう。」

答えは「144」です。ウサギのつがいの数は1組、1組、2組、3組、5組、8組…とふえていきます。

このように1、1、ではじまり、前のふたつの数を足すと次の数になるという規則にしたがって一列に並んだ数のことを「フィボナッチ数列」といいます。フィボナッチ数列は、パイナップルや松ぼっくりなどにもあらわれます。

※一組のオスとメスのこと。

フィボナッチ数列

1 1 2 3 5 8 13 21 34 55 89 144 233 377 610

自然界のフィボナッチ数列

フィボナッチのウサギの問題

フィボナッチが考えたウサギの問題をイラストにした。ウサギのつがいのふえ方を数であらわすと「1、1、2、3、5、8、…」(組)となる。

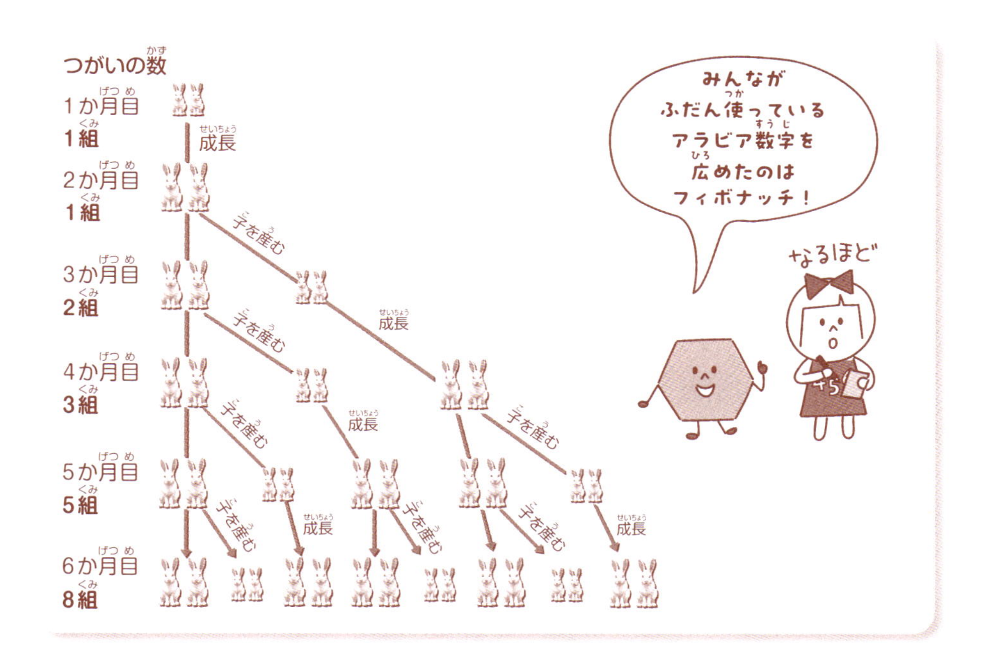

松ぼっくりとフィボナッチ数(→)

松ぼっくりのかさの一つひとつは、らせんをえがくように並んでいる(らせんには、左まわりと右まわりがある)。このらせんの数が、フィボナッチ数列に登場する数(＝フィボナッチ数)になっている。

なるほど理系脳クイズ！

フィボナッチ数列が見られるのは？　①ソフトクリーム　②植物の葉のつき方

日本にコンビニは
何けんある?
そわ
そわ
落ち着きがないなー
どうしたのじゃ?
ピコ
ピコ
ピコ
そわ
そわ
そわ
なんだトイレに行きたいのか
ぴょこん
じゃあコンビニで借りるとするかのォ
ついでにジュースでも買うのじゃ♡
やったー
そわ
そわ

クイズの答え：P69➡②

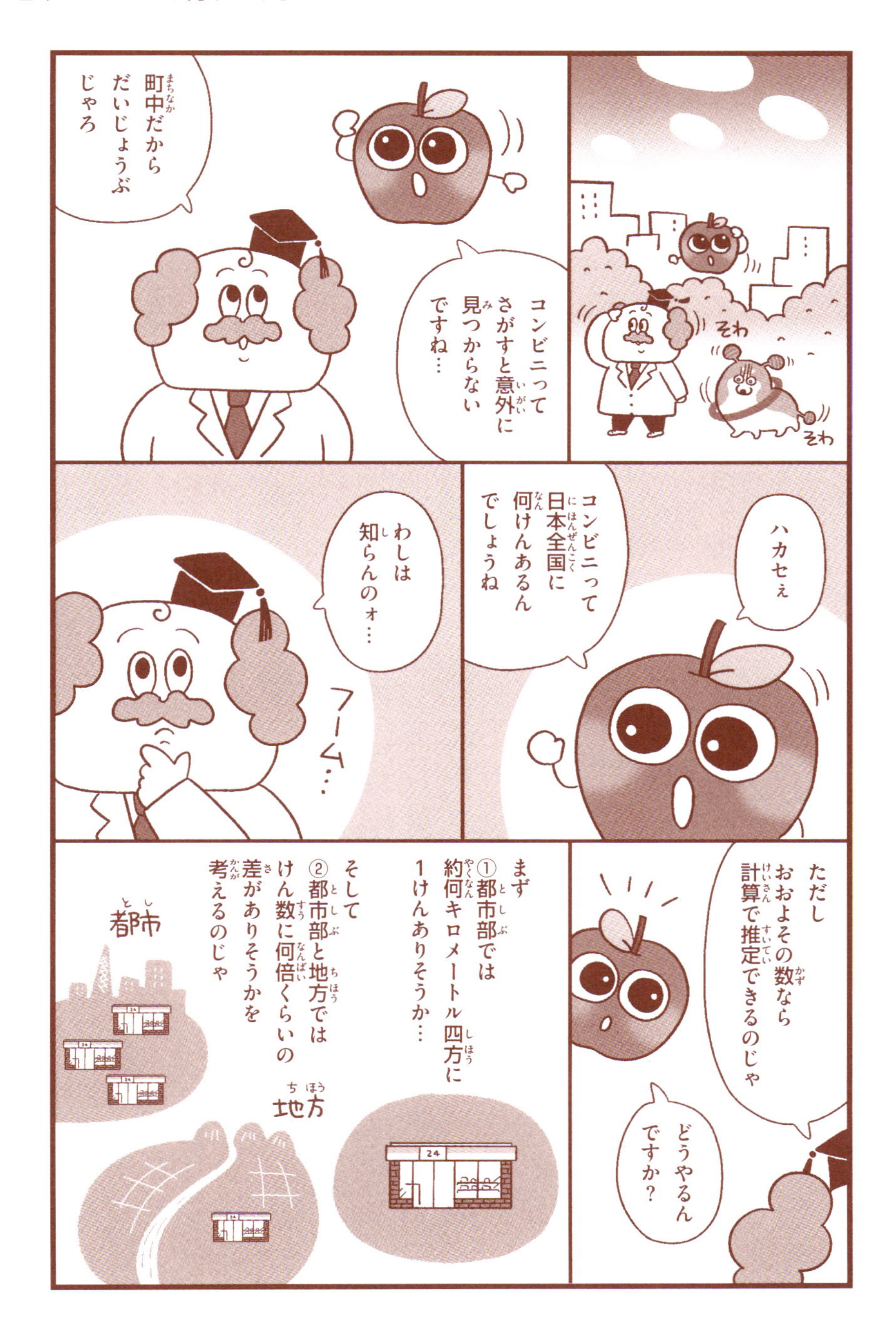
そわ
そわ
コンビニってさがすと意外に見つからないですね…
町中だからだいじょうぶじゃろ
ハカセぇ
コンビニって日本全国に何けんあるんでしょうね
わしは知らんのォ…
フーム…
ただしおおよその数なら計算で推定できるのじゃ
どうやるんですか？
まず①都市部では約何キロメートル四方に1けんありそうか…
そして②都市部と地方ではけん数に何倍くらいの差がありそうかを考えるのじゃ
都市
地方

※1：都市部では、駅から数百メートルにコンビニが4～5けんあることも少なくない。ただし、駅からはなれると減っていくので、平均して「1平方キロメートルに1けん」とする。

※2：地方では、各駅前にコンビニが1けんだけある、あるいは大きな駅の前だけに1けんあることも少なくない。ここでは、平均して「都市部の10分の1」とする。

※ちなみに、日本全国には約5万5700けんのコンビニがある。
(2023年、日本フランチャイズチェーン協会)

おもしろい「ものはかり方(かた)」

音より速い？
「マッハ」で飛ぶ旅客機（→94ページ）

「一寸」は何センチ？
（→86ページ）

国力をあらわした「石」
（→92ページ）

「1カップ」ってどれくらい？
（→90ページ）

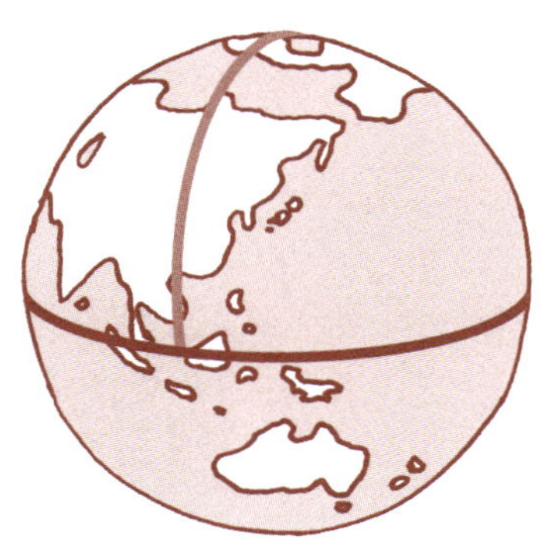

どのようにできた？
世界共通の単位

（→78ページ〜）

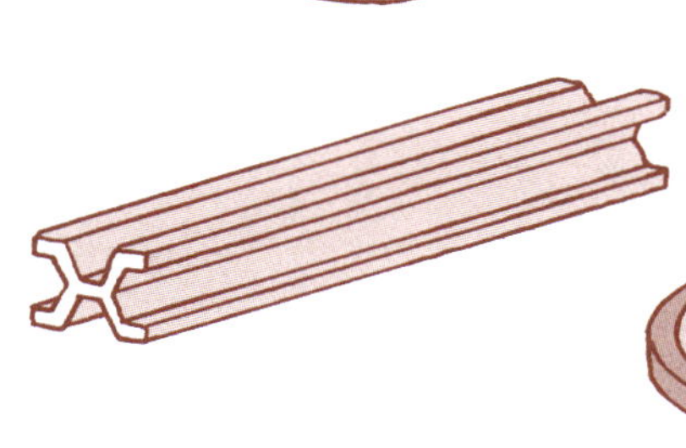

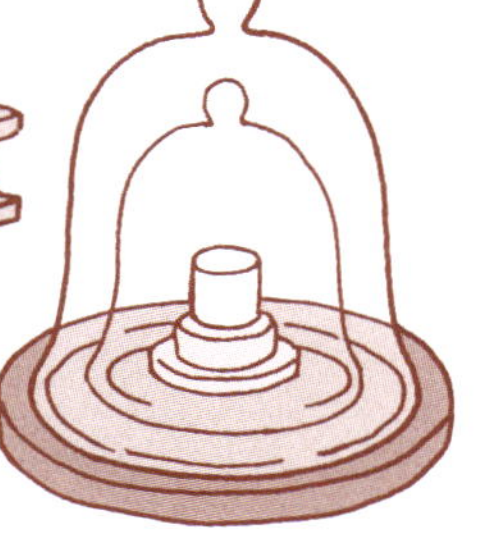

「インチ」って
何の単位？

（→84ページ）

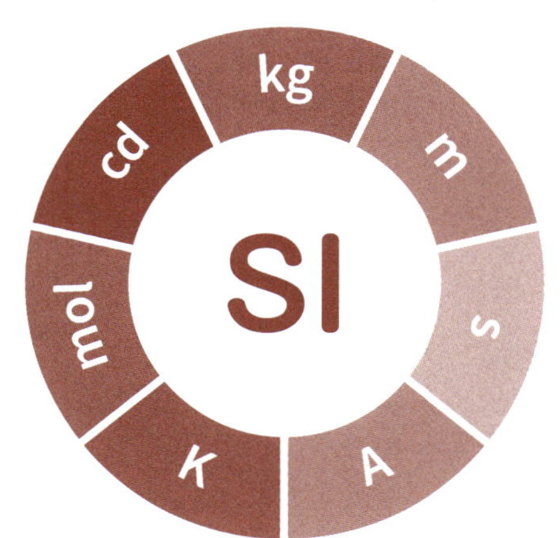

国際単位系（ＳＩ）

（→82ページ）

２トントラックに
積める量は？

（→88ページ）

どのようにできた？

世界共通の単位

現在、世界では世界共通の単位が使われています。しかし大昔には、国や地域ごとにことなる単位が使われていました。たとえば古代エジプトでは、王のひじから中指の先までの長さが基準になった「キュービット」という単位が使われていました。そのため、王が代わるたびに計測しなおしたといいます。

やがて、貿易の発展などにより世界の国々の結びつきが強まると、バラバラだった単位を統一しようという動きが、18世紀末のフランスで生まれました。それは、長さの単位を「メートル」に、重さ（質量）の単位を「キログラム」にしようというものです。

メートルとキログラムは、しだいに世界に広まっていきました。そして、1875年に「メートル条約」が成立したことで、世界共通の単位となりました。

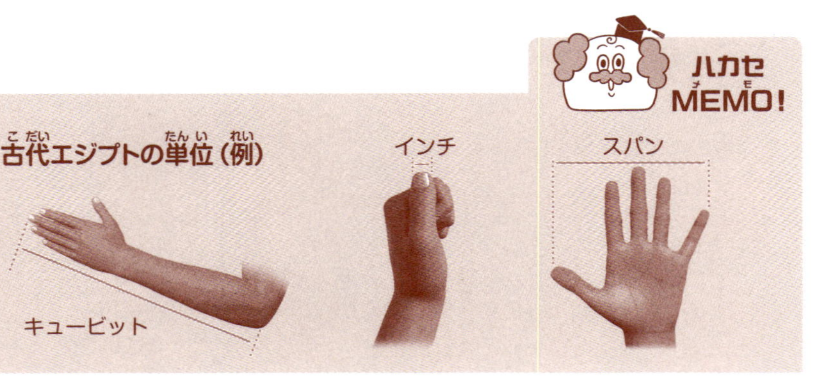

メートルとキログラムの誕生

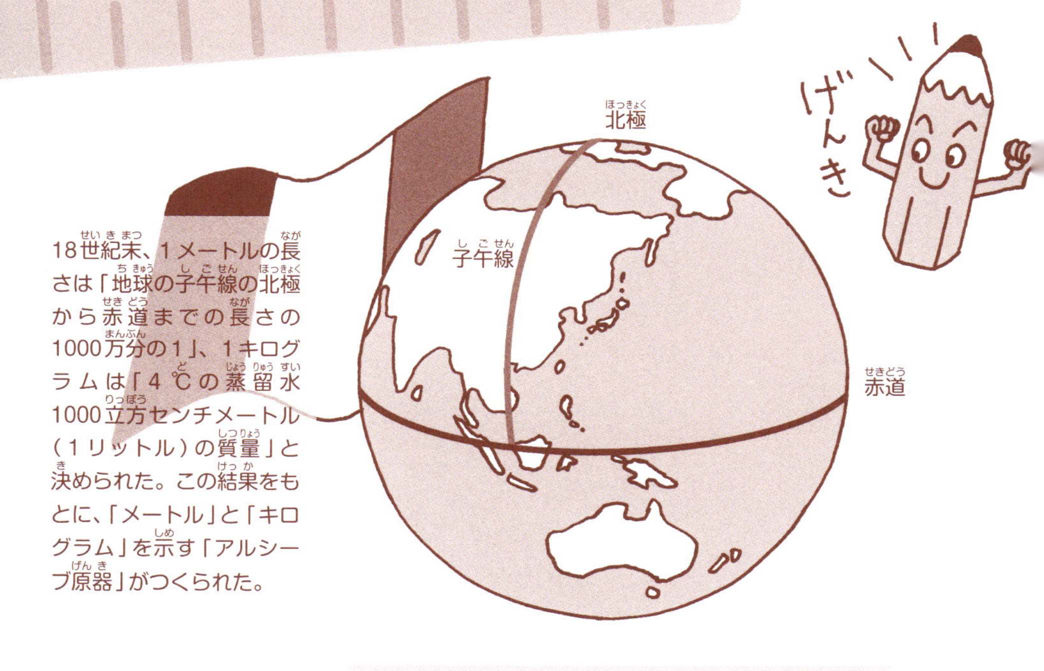

18世紀末、1メートルの長さは「地球の子午線の北極から赤道までの長さの1000万分の1」、1キログラムは「4℃の蒸留水1000立方センチメートル（1リットル）の質量」と決められた。この結果をもとに、「メートル」と「キログラム」を示す「アルシーブ原器」がつくられた。

その後（19世紀末）、アルシーブ原器をもとに新たにつくられた「国際メートル原器」と「国際キログラム原器」が、メートル／キログラムの基準とされた（これらの複製が各国に配られた）。

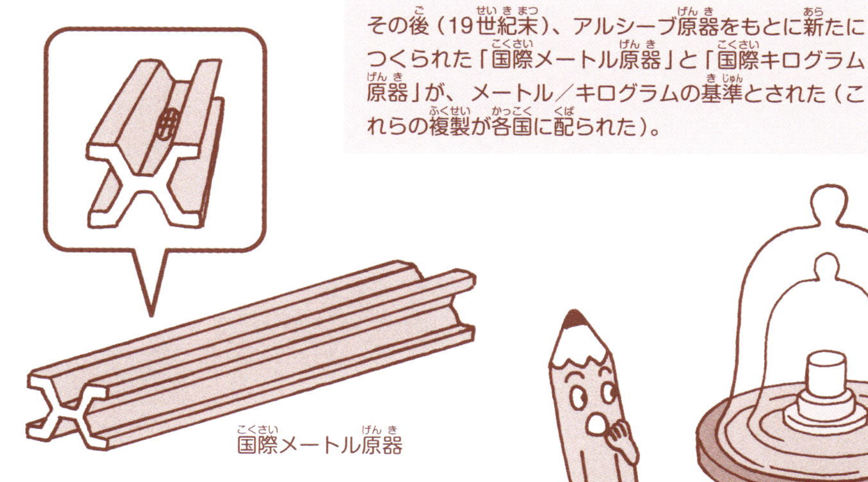

国際メートル原器

国際キログラム原器

なるほど理系脳クイズ！

古代エジプトで、王の「足の長さ」を基準とした単位は？　①インチ　②フィート（フート）

光は真空中を、１秒間に２億9979万2458メートル進む。
→地球約23.5個分！

２ 単位の基準がかわった

ものから自然現象へ！

メートル原器とキログラム原器は、白金（プラチナ）とイリジウムという金属でできていました。そのため、熱や年月の経過で形がかわってしまうなどの欠点がありました。そこで１９８３年、「もの」ではなく「自然現象」をもとに基準を決めることになりました。

メートルに使われたのが「光の進む速さ」です。光の進む速さ（光速）は、まわりのえいきょうを受けず、時間がたってもかわらないという性質があります。

光は真空中を１秒間に２億９９７９万２４５８メートル進むので、１メートルは「光が真空中で

「金属」から不変の「光」へ

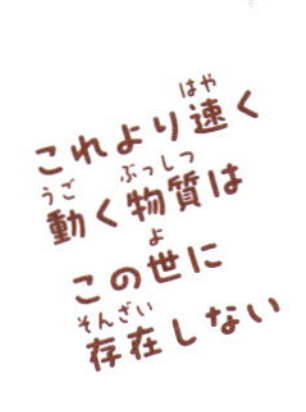

光が真空中を進む速さはつねにかわらないことから、1メートルの基準とされた。

1秒間に進むきょりの2億9979万2458分の1」と決められました。この基準は、現在も使われています。

キログラムも、現在は「プランク定数」という物理学の値をもとにした基準にかわっています。

ハカセMEMO！

130年前にやってきた“原器”

日本に国際メートル原器と国際キログラム原器の複製がやってきたのは、明治時代の1890年じゃ。これらは「日本国キログラム原器」「日本国メートル原器」として活やくしたあと、現在は茨城県つくば市にある「産業技術総合研究所」に保管されているゾ。

なるほど理系脳クイズ！

地球の円周（赤道の長さ）は、約何キロメートル？ ①9000km ②2万km ③4万km

3 世界共通の単位「国際単位系（SI）」

現在、世界では7つの共通単位が使われています。①長さ「メートル：m」、②質量「キログラム：kg」、そして③光度「カンデラ：cd」、④物質量「モル：mol」、⑤温度「ケルビン：K」、⑥電流「アンペア：A」、⑦時間「秒：s」です。これらは「国際単位系(SI)」とよばれます。

けたの大きな単位は、これら7つの単位（基本単位）に「接頭語」をつけることであらわします。

たとえば「メートル（m）」に、1000倍という意味をもつ「キロ(k)」という接頭語をつけると、「キロメートル：km」になります。

接頭語には、ほかにもさまざまなものがあります。「センチ：c」は100分の1、「ミリ：m」は1000分の1、「マイクロ：μ」は100万分の1、「ナノ：n」は10億分の1などです。

接頭語

国際単位系には、全部で24個の接頭語があるゾ。

大きい接頭語の例…デカ（da）：10倍、ヘクト（h）：100倍、キロ（k）：1000倍、メガ（M）：100万倍、ギガ（G）：10億倍、テラ（T）：1兆倍、……

小さい接頭語の例…デシ（d）：10分の1、センチ（c）：100分の1、ミリ（m）：1000分の1、マイクロ（μ）：100万分の1、ナノ（n）：10億分の1、ピコ（p）：1兆分の1

クイズの答え：P81➡③

国際単位系(SI)

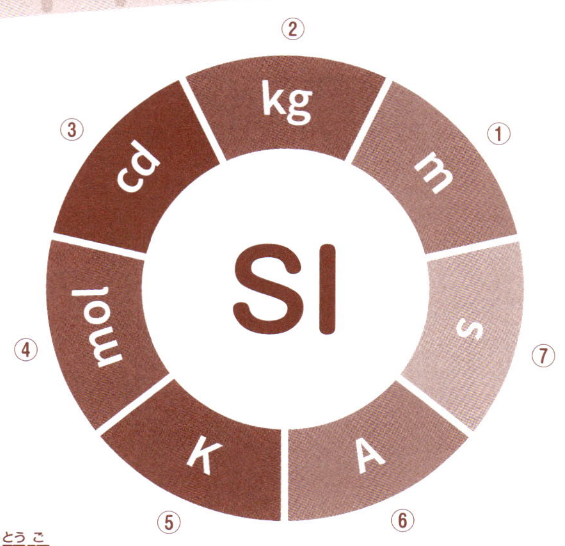

★メートルと接頭語

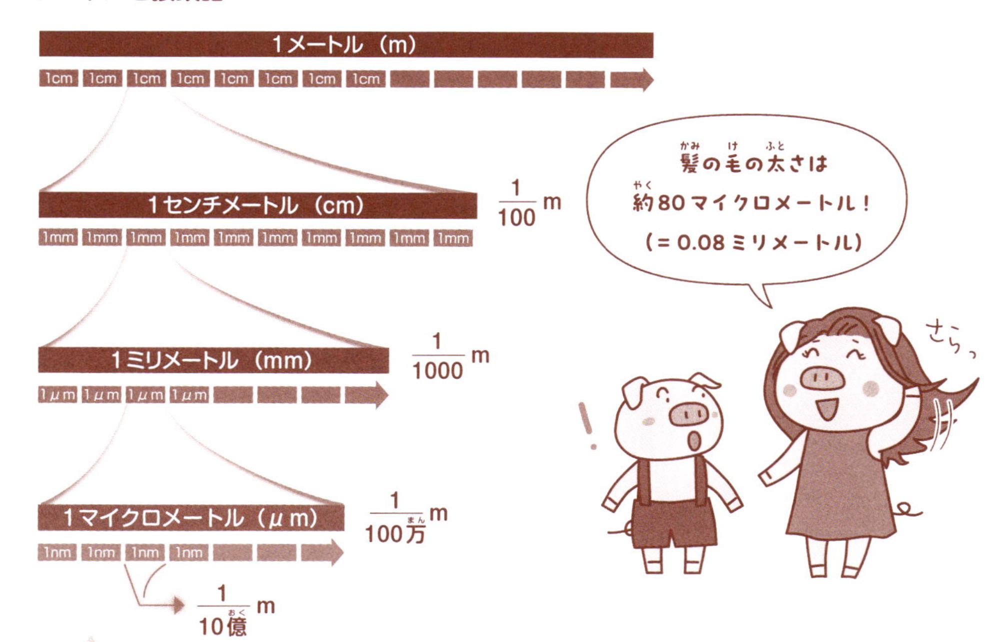

なるほど理系脳クイズ！

地球を直径1メートルとすると、パチンコ玉の大きさは？　①1μm　②1nm　③1mm

4 自転車やテレビで目にする…「インチ」って何の単位？

アメリカやイギリスなどでは、長さの単位として「ヤード（yd）」「フィート（ft）」「インチ（in）」が使われる場合があります。1ヤードは0.9144メートルです。1ヤードの3分の1が「1フィート」（30.48センチメートル）で、1フィートの12分の1が「1インチ」（2.54センチメートル）です※。

国際的には「メートル」が使われています。しかし、これらの国では昔からの習慣で、今でも「ヤード」「フィート」「インチ」が使われる場合があるのです。

私たちの身近なところでは、自転車のタイヤのサイズや、テレビの画面のサイズ、衣類のサイズをあらわすときに「インチ」が使われます。

また、ゴルフコースのきょりをあらわすときには、「ヤード」が使われます。

※国際フィート。元々は、アメリカとイギリスで定義がことなっていた。

ハカセMEMO！

ヤードの由来

ヤードは、78ページに登場した「キュービット」の2倍の長さをもとにしているといわれているゾ。

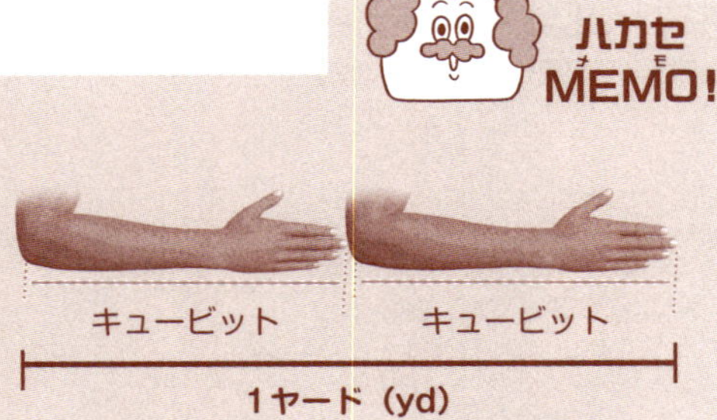

身のまわりの「インチ」「ヤード」

自転車のタイヤ（→）

例：24インチ
2.54 × 24 =
約61センチメートル
※タイヤの直径（外径）。

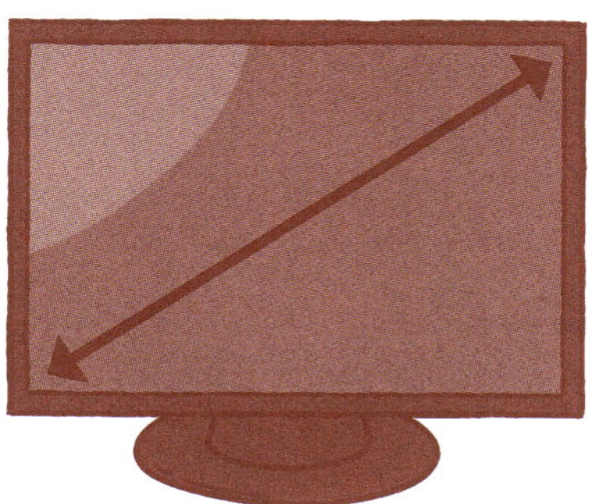

（←）
テレビの画面

例：26インチ（26型）
2.54 × 26 = 約66センチメートル
※対角線の長さを表示している。

ゴルフコースのきょり（→）

例：350ヤード
0.9144 × 350 = 約320メートル

なるほど理系脳クイズ！

10フィートは、約何メートル？　①0.3m　②3m　③30m

5

日本だけの長さの単位「一寸」は何センチ？

日本には、おわんに乗れるほど小さな主人公が登場する『一寸法師』という昔話があります。「寸」とは、日本に古くからある長さをあらわす単位のひとつで、約3センチメートルです。これは、たとえばポストの口にすっぽりと入るくらいの高さです。

寸の10倍は「尺」（1尺は約30センチメートル）、寸の10分の1は「分」（1分は約3ミリメートル）です。また、1尺を6倍すると「間」（1間は約1.82メートル）、1間を60倍すると「町」（1町は約109メートル）になります。

さて、江戸時代の街道（主要な道路）には、目印としてエノキやマツなどの木が、一定のきょりごとに植えられていました。これを「一里塚」といいます。

「里」も単位のひとつで、1里は36町です。つまり、この目印は約4キロメートルごとに置かれていたということです。

匁・斤・貫

日本に古くからある単位には、重さ（質量）をあらわすものもあるゾ。それが「匁」「斤」「貫」じゃ。1匁は3.75グラム。1匁の160倍が1斤（600グラム）、1匁の1000倍が1貫（3.75キログラム）じゃ。ちなみに、ワシらは食パンを「1斤、2斤…」と数えるが、“斤”はここからきているゾ（現代では、食パン1斤は340グラム以上とされている）。

日本独自の長さの単位

「五寸くぎ」「曲尺」など、建築で使われる道具には、日本の古い単位が今でも残っているよ！

一寸の虫にも五分の魂

全長３センチメートルほどの小さな虫でも、その半分（５分＝15ミリメートル）にあたるほどの魂（意地やプライド）があるという意味。

江戸時代の街道に、目印として１里（約４キロメートル）おきに置かれた「一里塚」。

★主な長さの単位

約4km	里（り）	36町
約109m	町（ちょう）	60間
約1.82m	間（けん）	6尺

約3m	丈（じょう）	10尺
約30cm	尺（しゃく）	10寸
約3cm	寸（すん）	10分
約3mm	分（ぶ）	

なるほど理系脳クイズ！

1尺6寸は、何センチメートル？　①約36cm　②約48cm　③120cm

6

重さの単位「トン」
2トントラックに積める量は？

「トン（t）」は重さ（質量）の単位です。国際単位系ではありませんが、国際単位系と一緒に使ってもよいとされています。

私たちはよく、「2トントラック」「4トントラック」などという言葉を耳にします。これは、トラックそのものの重さではなく、積むことができる荷物の量を示したものです。たとえば500ミリリットルのペットボトルであれば、約4000本運べます※。

なお、アメリカやイギリスなどでは、トンのほかに「ポンド(lb)」「オンス（oz）」「グレーン（gr）」という重さの単位が使われる場合があります。

ただし、アメリカでは1トンが2000ポンド(907.18キログラム）であるのに対し、イギリスでは2240ポンド（1016.05キログラム）です。このため、前者は「米トン」、後者は「英トン」とよばれます。

※1ミリリットルの水は約1グラム。容器や箱の重さ、運転手の重さを除く。

トンと似た「バレル」

テレビやインターネットでニュースを見ていると、石油の量に「バレル(bbl)」という単位が使われることがあるのォ。これは、体積をあらわす単位のひとつで（国際単位系ではない）、1バレルは約159リットルなのじゃ。バレルもトンと同じように、アメリカとイギリスで量に差があるゾ。

「2トン」はすごい量！

500 × 4000 = 200万グラム
（2トン＝2000キログラム）

★「トン」には、いろいろある

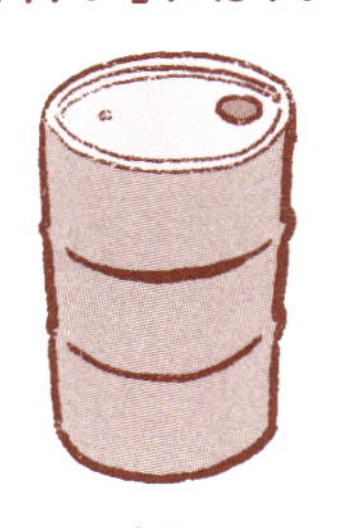

トン
（仏トン、メートルトン）
1トン ＝ 1000キログラム

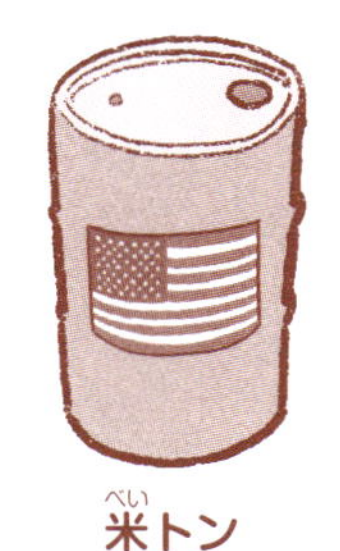

米トン
（ショートトン、ネットトン）
1トン＝2000ポンド＝約907キログラム

英トン
（ロングトン、グロストン）
1トン＝2240ポンド＝約1016キログラム

なるほど理系脳クイズ！

1トンを、国際単位系であらわすと？　①1バイト　②1メガグラム　③1ギガグラム

料理などで使う「1カップ」ってどれくらい？

料理やおかしづくりでは、調味料や材料の量が「1カップ」「大さじ1ぱい」などと示されます。

1カップとは計量カップ1ぱい分の量で、200シーシーです。「シーシー（cc）」とは、「立方センチメートル（cm^3）」の英語表記「cubic centimetre」を省略した記号です。したがって、1シーシーは1立方センチメートルです。

1立方センチメートルは1ミリリットル（ml）でもあるので、200cc＝200cm^3＝200mlとなります。

また、「大さじ」は15cc（15cm^3／15ml）、「小さじ」は5cc（5cm^3／5ml）です。

シーシーは国際単位系ではありませんが、ヤード・フィート・インチ、ポンド・オンス・グレーン、また寸・尺などのように、現在でも使われることがあります。

1カップの重さ

同じ「1カップ」でも、はかるものによってその重さはかわるゾ。たとえば1カップの水は200グラムじゃが、1カップのサラダ油は180グラムしかないのじゃ。また、同じ「砂糖」でも、上白糖（主に料理に使う砂糖）は1カップ110グラム、グラニュー糖（主におかしづくりに使う砂糖）は1カップ180グラムと差があるのじゃ。

cc・ml・L・cm³

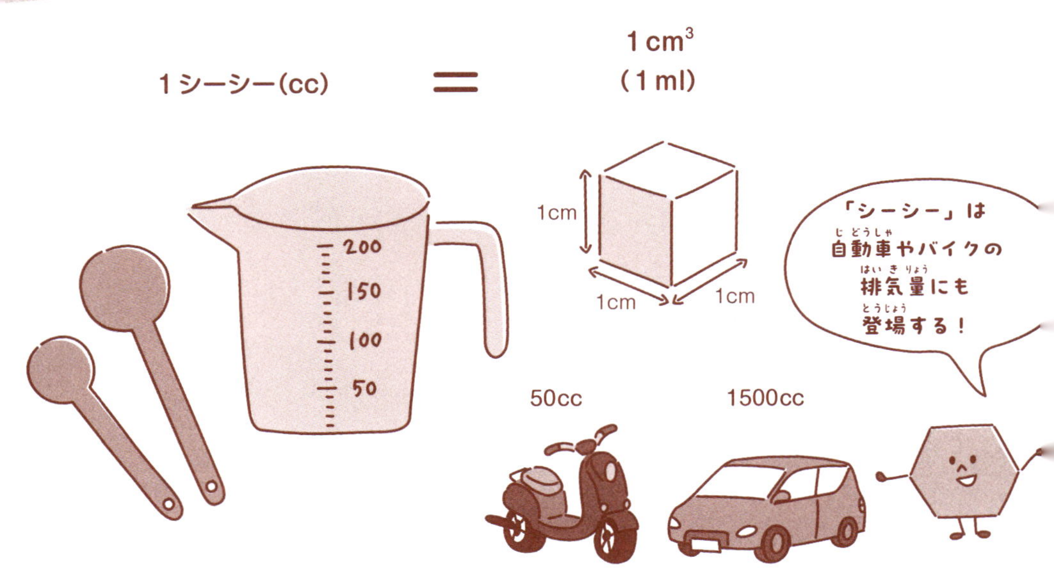

※排気量とは、エンジンが吸いこむことができる空気と燃料の量のこと（出典：本田技研工業株式会社ウェブサイト）。

★フランス生まれの「リットル」

私たちに身近な「リットル」も、実はフランスで生まれた単位なんだ。国際単位系ではないけれど、国際単位系と一緒に使ってもよいとされているよ。

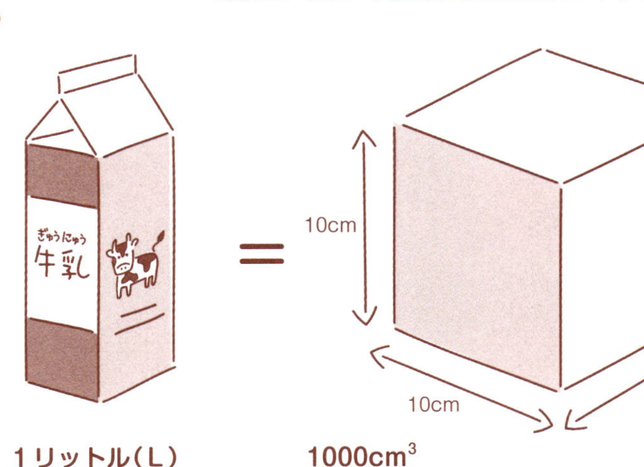

1リットル(L)

1000cm³
(1000ml／1000cc)

なるほど理系脳クイズ！

大さじ2はいと、小さじ2はいを足すと、何シーシー？　①8cc　②25cc　③40cc

8 江戸時代に…国力をあらわした「石」

江戸時代に、現在の石川県と富山県にあたる加賀藩をおさめた前田家は、「100万石の大名」といわれることがあります。

江戸時代には、田畑の生産高を「石高」であらわしました。加賀藩でとれる米が100万石の量だったことから、そのようによばれています。

では、100万石とはどれくらいの量なのでしょうか。

米や酒などの体積をはかる単位のひとつに「合」があります。10合は「1升」です。1升の10倍が「1斗」で、1斗の10倍が「1石」です。

1石は1000合で、人ひとりが1年間に食べる米の量が目安になっています。つまり100万石とは、100万人の人を養えるほどの国力をもっていたということです。

「一升びん」に入っている量は1升?

酒やしょうゆなどを入れるびんを「一升びん」というのォ。その名前から中身も1升(1.803856リットル)あるように感じるが、実はごくわずかに少ないのじゃ(1.8リットル)。これは、現在では、酒やしょうゆなどは「リットル」もしくは「ミリリットル」でしか計量してはいけない決まりになっているためじゃ。

クイズの答え:P91➡③

日本独自の体積の単位

約180リットル	石（こく）	10斗
約18リットル	斗（と）	10升
約1.8リットル	升（しょう）	10合
約180ミリリットル	合（ごう）	―

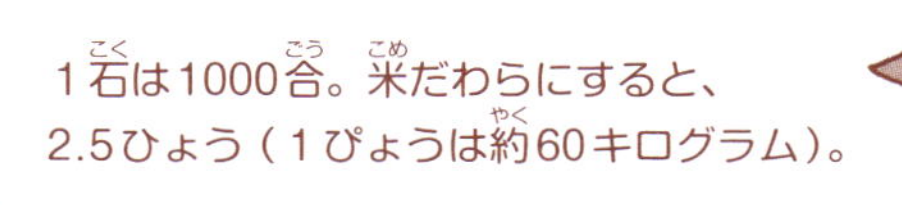

1石は1000合。米だわらにすると、
2.5ひょう（1ぴょうは約60キログラム）。

飲食店向けのサラダ油を入れる
角型の容器は「一斗かん」

酒やしょうゆなどを
入れる「一升びん」

「とっくり」（1合とっくり）
「米用の計量カップ」など

なるほど理系脳クイズ！

5斗と5升をあわせると、何リットル？　①99L　②150L　③225L

音より速い？「マッハ」で飛ぶ旅客機

音が伝わる速さを「音速」といいます。音速は、気温15℃の空気中（1気圧）で秒速340メートルです。

音速は、「マッハ（M）」という単位であらわされることもあります。マッハ1は秒速340メートル、時速に直すと1224キロメートルになります。一般的なジェット旅客機はマッハ0.8〜0.85、時速約900キロメートル※で飛行します。

一方で、現在開発が進められているのが「超音速旅客機」です。超音速旅客機はマッハ1.7（時速約1800キロメートル※）、つまり

さまざまなもののスピード

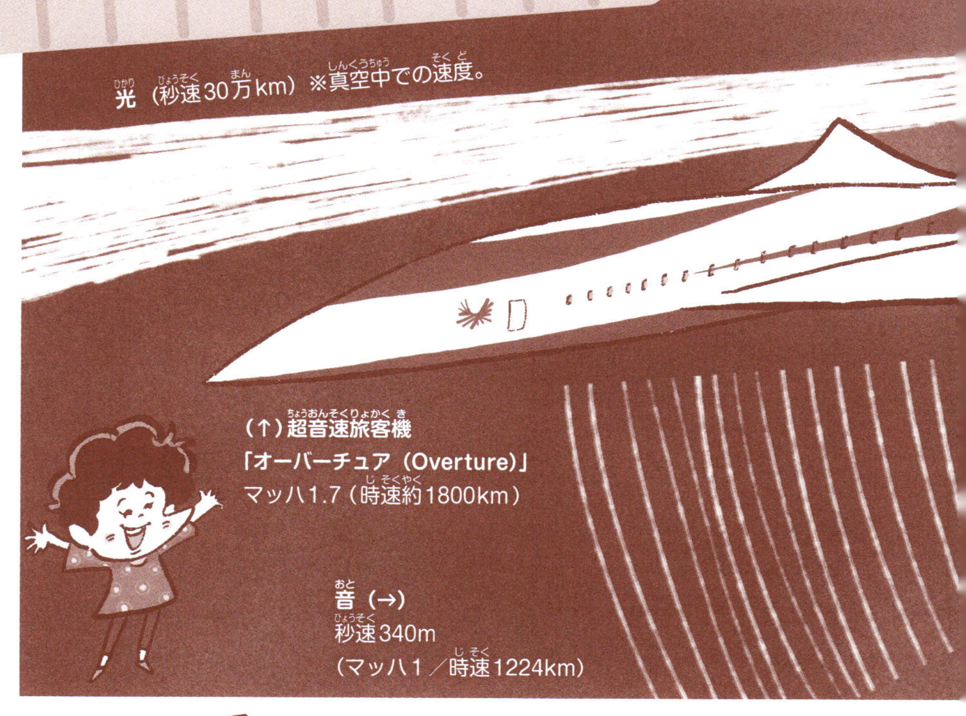

音よりも速いスピードで飛行することを目指しています。

この旅客機が実現した場合、アメリカ（ニューヨーク）とイギリス（ロンドン）の間を、約3時間半で移動することができます。

※高度1万メートルで計算した場合。

ハカセMEMO！

船は「ノット」で移動する

同じ乗り物でも、船の進むスピードは「ノット」という単位であらわされるのじゃ。1ノットは時速1.852キロメートルで、たとえば大型フェリーは20ノット（時速約37キロメートル）で移動するゾ。これは、音速の約33分の1の速さじゃ。

なるほど理系脳クイズ！

次のうち、最高速度がいちばん速いのは？　①超音速旅客機　②ロケット　③F1マシン

コピー用紙を
何回切って重ねたら、
月に届く？
1
2
3
6
どんがらがっしゃーん
助けてくれなのじゃー
右を見ても
左を見てもものだらけですね
さすがに片づけないとダメじゃな…
化石
せんべい
ひょい
化石
みんなでやれば今日中に終わるじゃろうて
サンキューなのじゃ
せんべい
さささはじめるのじゃ
えへっ！

これ何枚あるんだろうな…
わあん!
2120枚
2120枚だって!?
…ってかその能力すごいけど
いらなくなくない?
くすっ
ムッ
ぎゃっ!!!
がぶー
遊んどらんで手伝って…
でも考えてみたらすごいよな
1枚あたり0.1ミリメートルしかないのに重ねるとこんなに厚くなるなんて…
どうした?
わあん
問題を出してさしあげようじゃないかって?
いいぞ受けて立とう!
ウン
ウン

地球から月までは約38万キロメートルあります
地球
月
380,000km
コピー用紙を何回半分に切って重ねたら月に届く厚さになるでしょう…だって？
切る
重ねて
切る
う～ん…1万回くらい？
なになに
答えは42回…
えっ!?
そんなに少ないの!!?
そりゃそうじゃ指数※じゃからな
※58ページを見てね！
これもいる…
これも…
これも…
いるもの
すてるもの

「切って重ねる」をくりかえせば
1枚が2枚
2枚が4枚
8倍 (2^3)
0.8 mm
4倍 (2^2)
3回目
0.4 mm
2倍 (2^1)
2回目
0.2 mm
0.1 mm
1回目
4枚が8枚と倍々にふえていくから…
たった42回でその厚さは44万(2^{42})キロメートルにもなるのじゃ!
440,000km
42回目
月こえてる!?
ちなみに82回くりかえせば天の川銀河の中心に達し…
100回くりかえせば宇宙誕生から現在までに光が進みつづけたきょりに近づいてしまうのじゃ!!
138億光年
133億光年
100回
コピー用紙
5万光年
82回
天の川銀河
すごい!!!
2.3億km
51回
44万km
42回
太陽
月
地球

は〜驚いたなぁ…
すごいな〜
ん…？
つんつん
ゴミ
もう1問問題を出すって？
ウンウン
ゴミ
ゴミ
ゴミ
片づけが無事に終わったら何が食べられるでしょう…
ですって〜
これもいる…
これも…
これも…
いるもの
…ウナギにするかのォ
出前頼むか！
よーしやる気が出てきた!!!
ポイ
ポイ
ザ〜
ゴミ
ゴミ
わぁあん！
片っぱしから捨てないでほしいのじゃ…

4章 おもしろい図形

オウムガイにあらわれる
美しい「対数らせん」

（→122ページ）

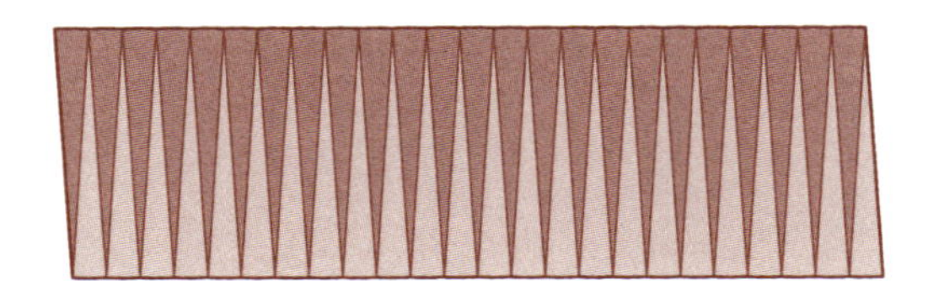

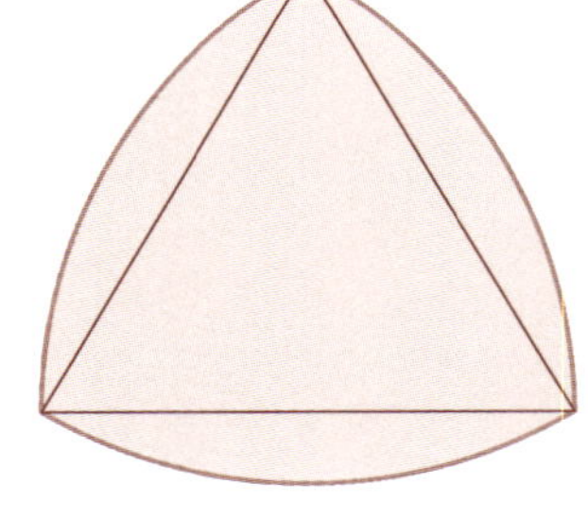

円の面積を
「縦×横」で求める

（→116ページ）

回転させてもはばがかわらない
「ルーローの三角形」

（→118ページ）

宇宙にかくれた「曲線」

（→120ページ）

地球の展開図はつくれるのか

（→114ページ）

便利な図形「三角形」
（→104ページ）

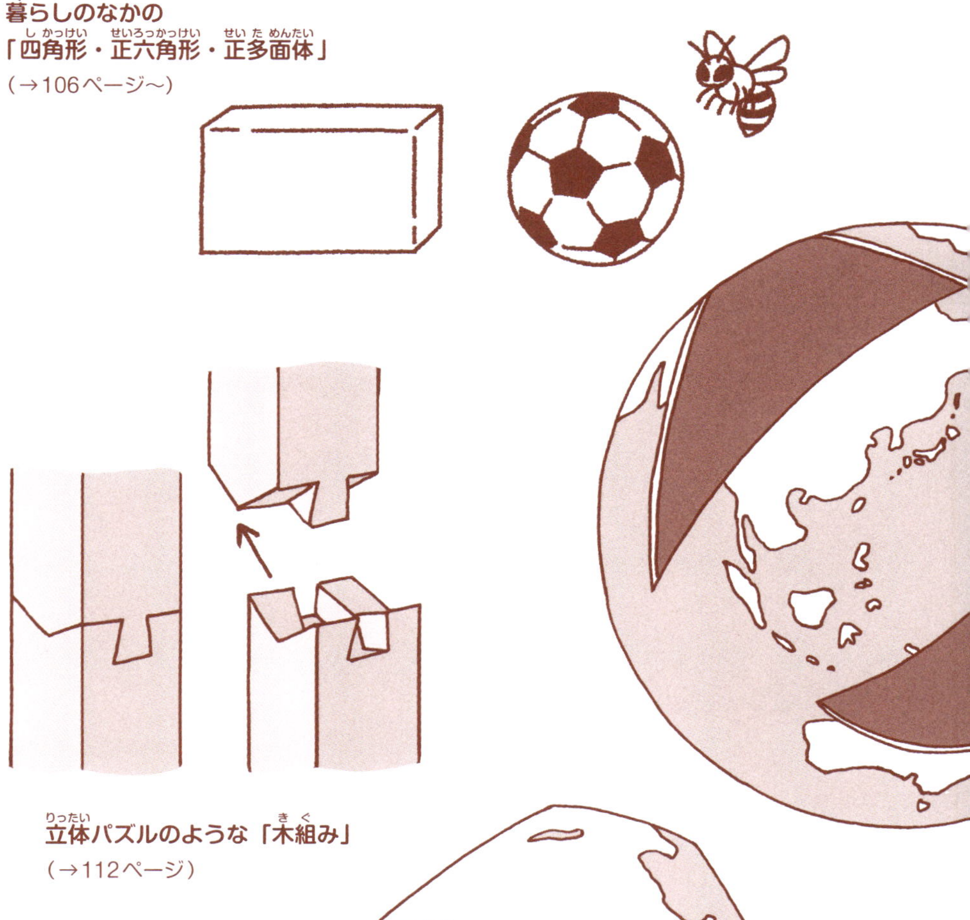

暮らしのなかの
「四角形・正六角形・正多面体」
（→106ページ〜）

立体パズルのような「木組み」
（→112ページ）

1 身のまわりにかくれている！ 便利な図形「三角形」

三角形は、すべての図形の基本です。というのも、四角形や五角形などの多角形はすべて、いくつかの三角形に分けることができるからです。逆にいうと、三角形を組み合わせれば、どんな複雑な多角形でもつくれるということです。

この原理を立体図形に応用した例が、左ページのウサギです※。このようなえがき方は、コンピューターゲームやアニメーションなどで使われます。

また、街中にある鉄橋や鉄塔、体育館・ホールの天井などには、三角形を組み合わせた「トラス構造」がよく使われます。

これは三角形が「四角形のようない形」であること、また頂点に、横からおしてもたおれたりしに、下向きの力がかかったとき、力が左右の辺ににげるので、つぶれたり曲がったりねじれたりしにくい形であることによります。

※より正確には、ウサギの置物をえがいたもの。(Stanford Bunny)

ハカセMEMO！

三角形の内角の和

すべての三角形は、内角（3つの角）をすべて足すと、その和は必ず180度になるゾ。

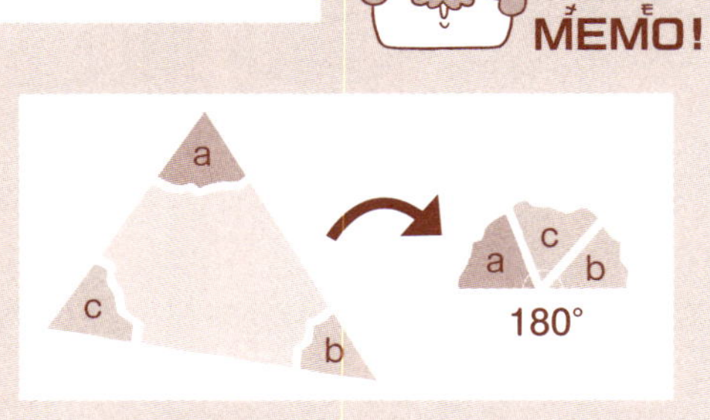

三角形はすべての図形の基本

なるほど理系脳クイズ！

直角三角形の1つの角が40度のとき、残りの角は90度と何度？　①40度　②50度

②

なんと…！「四角形」には仲間がいっぱい

四角形とは、4本の直線に囲まれた図形のことをさします。角が4つあるので「四角形」とよばれますが、4本の辺をもつという意味で「四辺形」ともいいます。

四角形の代表といえば、①正方形、②長方形、③ひし形、④平行四辺形、⑤台形でしょう。

④平行四辺形は、向かいあう2組の辺がそれぞれ平行な四角形です。④のすべての角が直角になったのが「②長方形」で、④のすべての辺が等しくなったのが「③ひし形」です。そして、すべての角が直角で、すべての辺が等しいのが「①正方形」です。

④平行四辺形に対し、「⑤台形」は向かいあう辺の少なくとも1組が平行な四角形です。

ちなみに、四角形は角の1つが180度よりも大きくなる、つまり凹んでいてもかまいません。このような四角形は「⑥凹四角形」とよばれます。

ハカセMEMO！

四角形どうしの関係

四角形の仲間には、右の図のような関係があるゾ。番号は、①正方形、②長方形、③ひし形じゃ。

さまざまな四角形の仲間

①正方形
すべての角が直角で、
すべての辺が等しい四角形。

②長方形
すべての角が直角の四角形。

③ひし形
すべての辺が等しい四角形。

④平行四辺形
向かいあう2組の辺がそれぞれ
平行な四角形。

⑥凹四角形
角の1つが180度よりも大きい四角形。

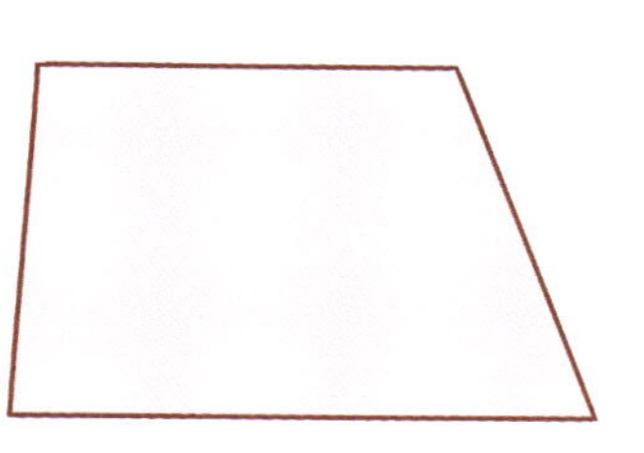

⑤台形
向かいあう辺の少なくとも
1組が平行な四角形。

なるほど理系脳クイズ！
四角形の内角（4つの角）の和は？　①180度　②270度　③360度

図形は自然界にも！ ミツバチの巣は「正六角形」

三角形や四角形などのように、直線で囲まれた図形のことを「多角形」といいます。

多角形のうち、辺の長さがすべて等しく、すべての角の大きさも等しいものを「正多角形」といいます。たとえば、かさを上から見た形は「正八角形」です（かさによってことなる）。

また、ミツバチの巣には、正六角形（正六角柱の部屋）がすき間なく並んでいます。このようなつくりを「ハニカム構造」といいます。ハニカム構造には、①じょうぶ、②部屋を広くとれる、③より少ない材料でつくれるなどのメリットがあります。

①や②の特徴は、正六角形と同じくらい円もすぐれていますが、円はすき間なくしきつめることができないので（＝より多くの材料が必要となる）、ハチにとっては正六角形のほうが都合がよいのかもしれません。

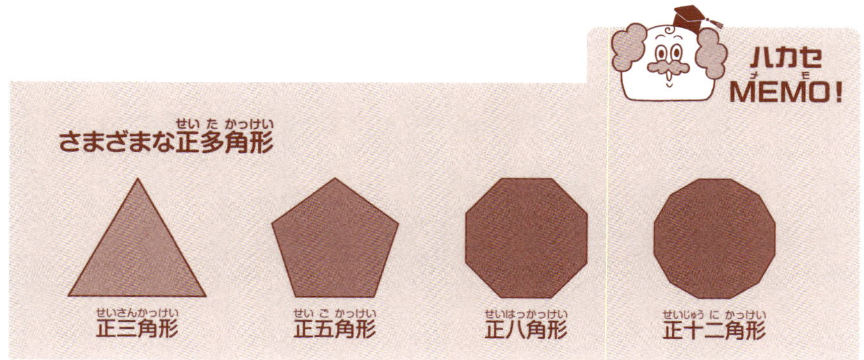

クイズの答え：P107➡③

なるほど理系脳クイズ！

正多角形の最大は？　①正百角形　②正五億角形　③無限につくれる

4 図形はおもしろい！

「正多面体」はサイコロの形

平面だけで囲まれた立体を「多面体」といいます。多面体のなかでも、すべての面が同じ正多角形であるものは「正多面体」とよばれます。

正多面体は、全部で5種類しかありません。4個の正三角形で囲まれた「①正四面体」、6個の正方形で囲まれた「②立方体」、8個の正三角形で囲まれた「③正八面体」、12個の正五角形で囲まれた「④正十二面体」、20個の正三角形で囲まれた「⑤正二十面体」です。ちなみに、私たちがよく知る〝6面のサイコロ〟は立方体です。

さて、左ページ下にえがいたドーム状の構造物は「ジオデシックドーム」です。ジオデシックドームは105ページに登場したウサギのように、正二十面体の表面をより小さな三角形に分けることで、球体に近い形をつくりだしています※。

※同様の形は、正十二面体や正二十面体、切頂二十面体などからつくる方法もある。

おもしろい形のサイコロ

ワシらがよく見るサイコロは6面の立方体じゃが、サイコロには、10面や40面、100面のものもあるのじゃ。もちろんこれらは、正多面体ではなく多面体じゃ。

5つの正多面体

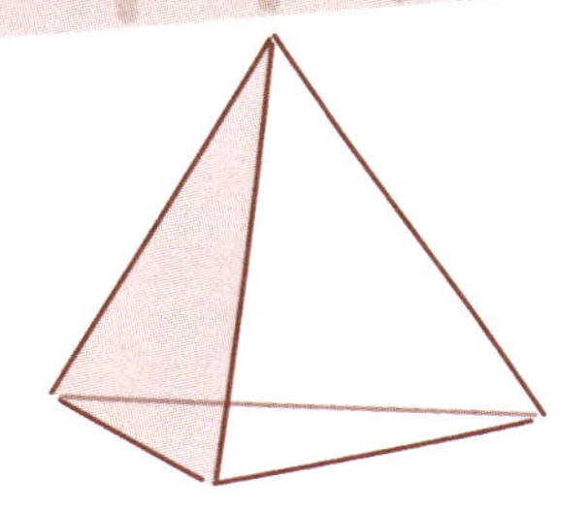

①正四面体

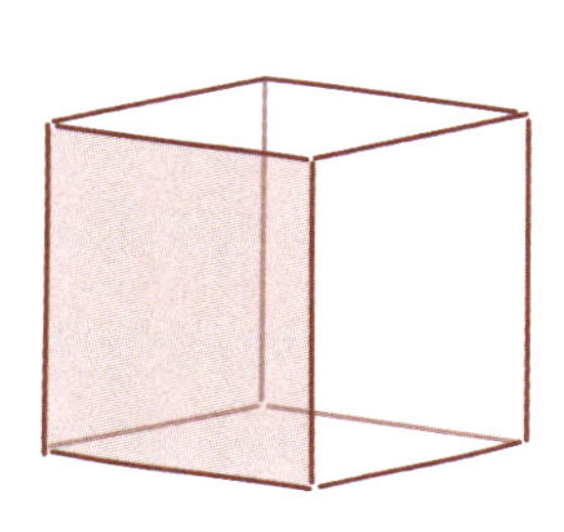

②立方体

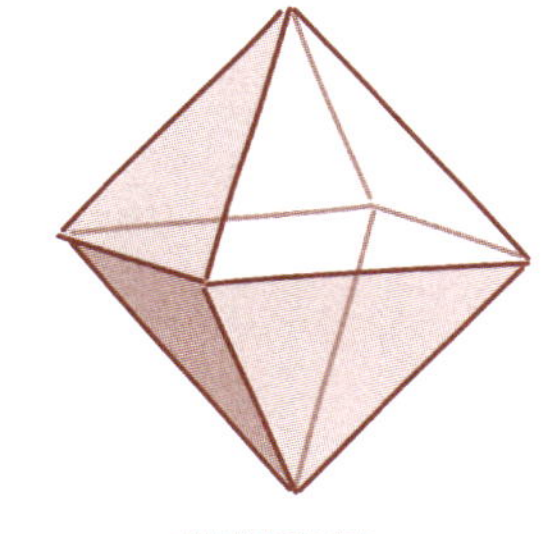

③正八面体

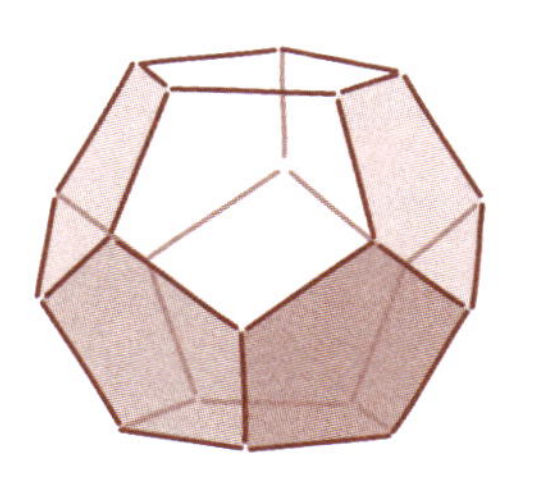

④正十二面体

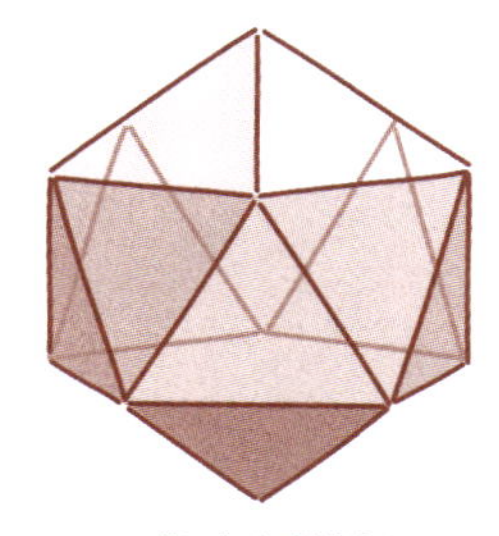

⑤正二十面体

サッカーボールは、正五角形12個と、正六角形20個を組み合わせた多面体（切頂二十面体）に空気を入れたもの。

ジオデシックドーム

1967年に、カナダ・モントリオール万国博覧会のアメリカ館の一部として建てられた。現在も「モントリオール・バイオスフィア」として残っている（→7ページ）。

なるほど理系脳クイズ！

5種類の正多面体は、何とよばれることがある？　①プラトン立体　②メンデレーエフ立体

伝統的な木造建築にかくれた 立体パズルのような「木組み」

左ページ①の立体パズルは、2つに分けることができないように思えます。しかし、実際は②のようになっているので、前後にずらせば簡単にはずせます。

　これと似たしくみが、日本の伝統的な木造建築に使われています。複雑な切りこみを入れた木材どうしを、くぎなどを使わずに組み合わせる「木組み」という技術です。木組みにより、建物をがんじょうに、かつ、軽くつくることができます※。

　③は、大阪城の門（大手門）に使われている「独鈷組」（婆娑羅継ぎ）とよばれる木組みです。仏教の神様がもつ「独鈷」という道具に形が似ていることから、その名がつけられました。

　それぞれのパーツは複雑な形をしていますが、もちろんこちらも簡単にはずしたり、組み合わせたりすることができます。

※傷んだ部分だけを取りかえることもできる。

ハカセMEMO！

こんな木組みもある！

台持ち継ぎ　　貝の口継ぎ

不思議な「独鈷組」

★立体パズル

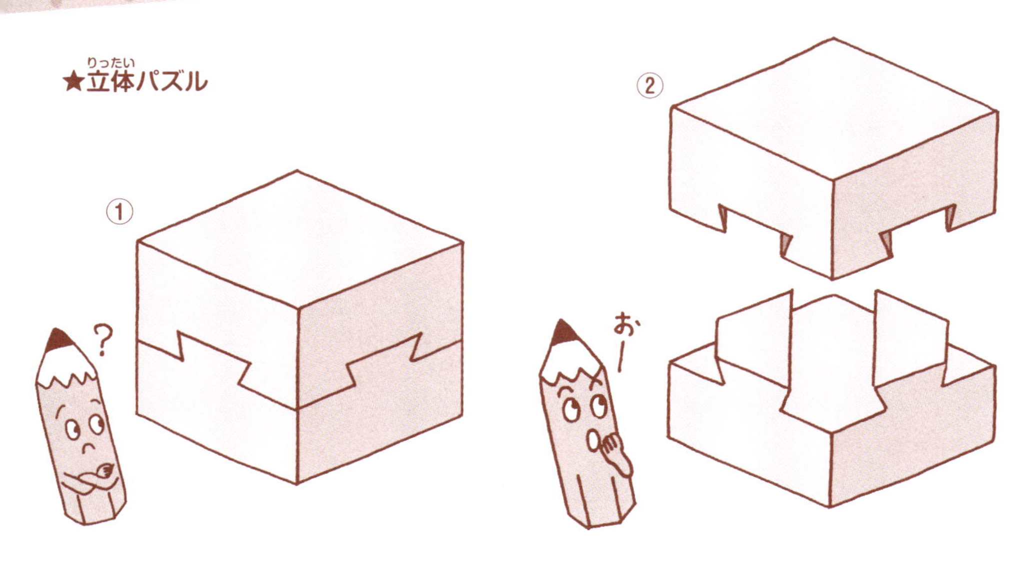

③大阪城大手門（↓）

独鈷組（婆娑羅継ぎ）

なるほど理系脳クイズ！

次のうち、木組みが使われているのは？　①東京駅（丸の内駅舎）　②奈良県・法隆寺

ギモン！ 地球の展開図はつくれるのか

立体を切り開いて平面に広げた図を「展開図」といいます。

たとえば正四面体は、左ページ①のように展開図をつくれます。では、地球のような球体は、展開図をつくれるのでしょうか。

球体は、どこを切り取っても完全な平面にはなりません。そのしょうこに、むいたゆでたまごのからをテーブルの上に置いてみてください。どこかが必ずういてしまうでしょう。つまり、球体（地球）の展開図はつくれないのです。

球体を平面にできないのであれば、世界地図はどのようにしてえがかれるのでしょうか。

②は、「メルカトル図法」でえがかれた世界地図です。この方法では、きょりや面積を引きのばしたり、ちぢめたりすることで、丸い地球を平面にしています。そのため、赤道から遠い場所ほど形のゆがみは大きいですが、方位は正しく示されています。

世界地図のえがき方

世界地図には、ほかにもさまざまなえがき方があるのじゃ。❶「モルワイデ図法」は面積が、❷「正距方位図法」はきょりと方位が、正しく示されているゾ。

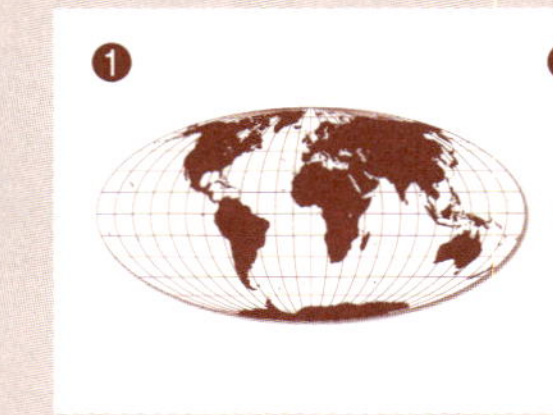

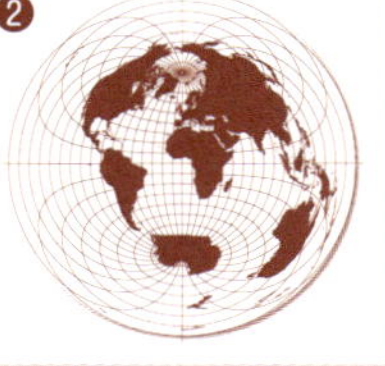

クイズの答え：P113➡②

曲がった面は展開図にできない！

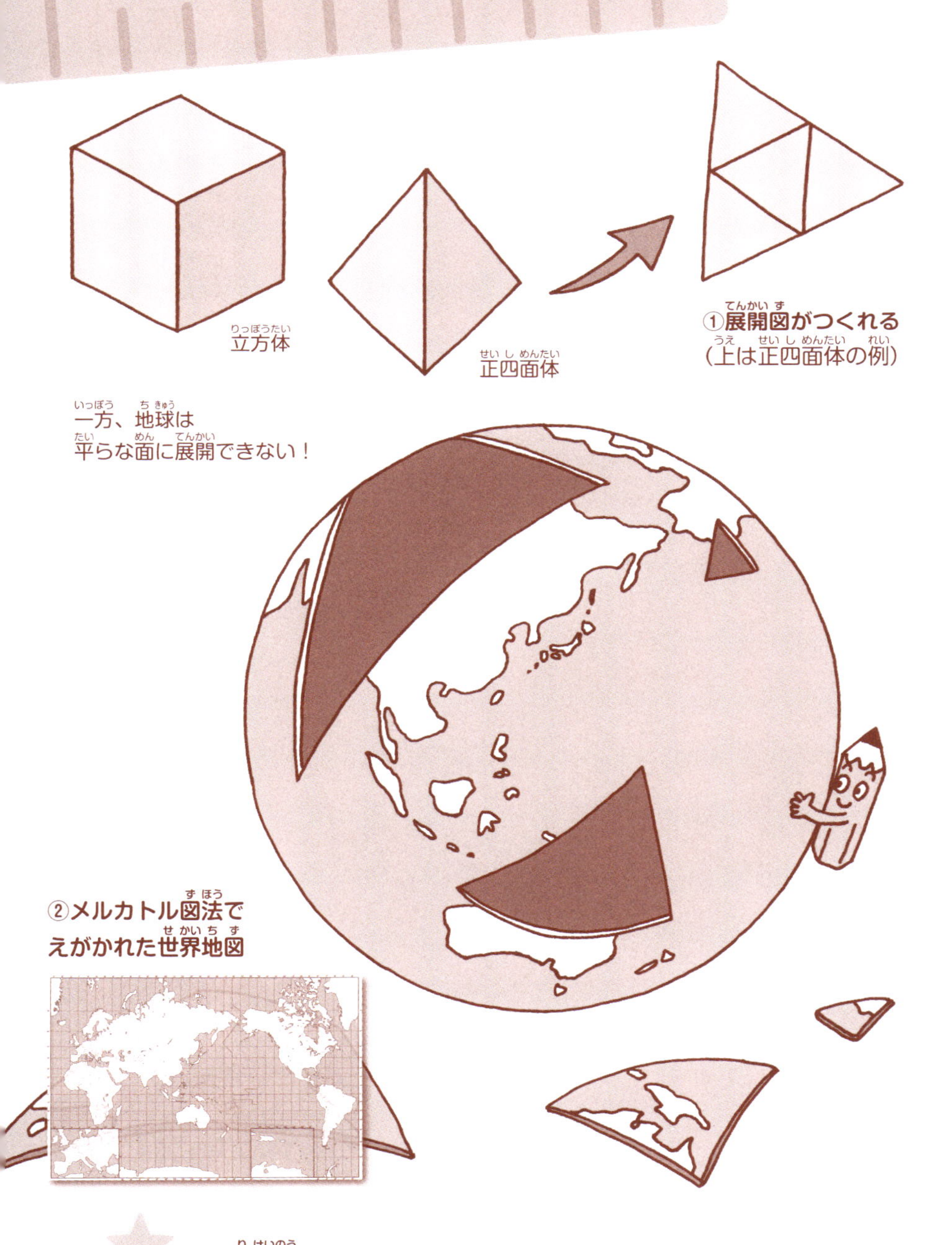

なるほど理系脳クイズ！

地球の表面積は、約何平方キロメートル？　①約3億　②約5.1億　③約60.7億

7 えっ…!? 円の面積を「縦×横」で求める

円の面積を求めるには「半径×半径×円周率3.14」という計算をします。なぜ、このような式になるのでしょうか。

まず、ピザを切り分けるように円をおうぎ形にします。そして、これらをたがいちがいに並べると、長方形に近い形になります。

この〝長方形〟の面積は、縦の長さと横の長さをかけることで求められます。縦の長さは「円の半径」、横の長さは「円周の半分」です。

円周の半分は「(直径×円周率3.14)÷2」で求められますが、これは「半径×円周率3.14」と等しいので、置きかえることができます。よって、円の面積は「半径×半径×円周率3.14」で求められるというわけです。

ちなみに、おうぎ形の面積を求める場合は、円の面積の何分の1になっているかを考えます（12等分した場合は、12分の1になる）。

ハカセMEMO!

ピザと正多角形

ピザを切り分けるように円をおうぎ形にするとき、“ピザのはし”（図中の黒い点）を線で結ぶと、正多角形ができるゾ（図は8つに切り分けた場合）。

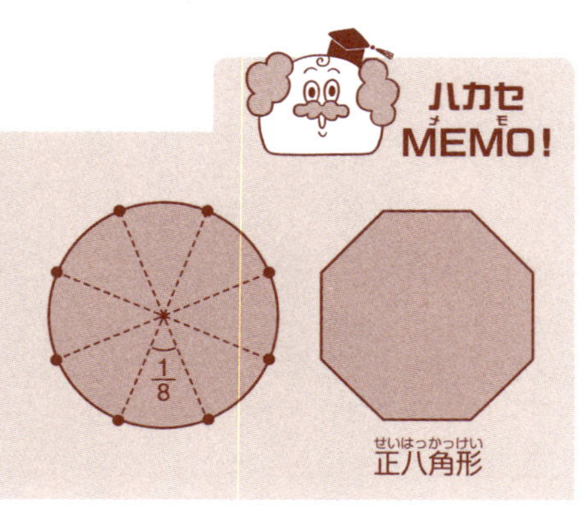

“長方形”で円の面積を求める

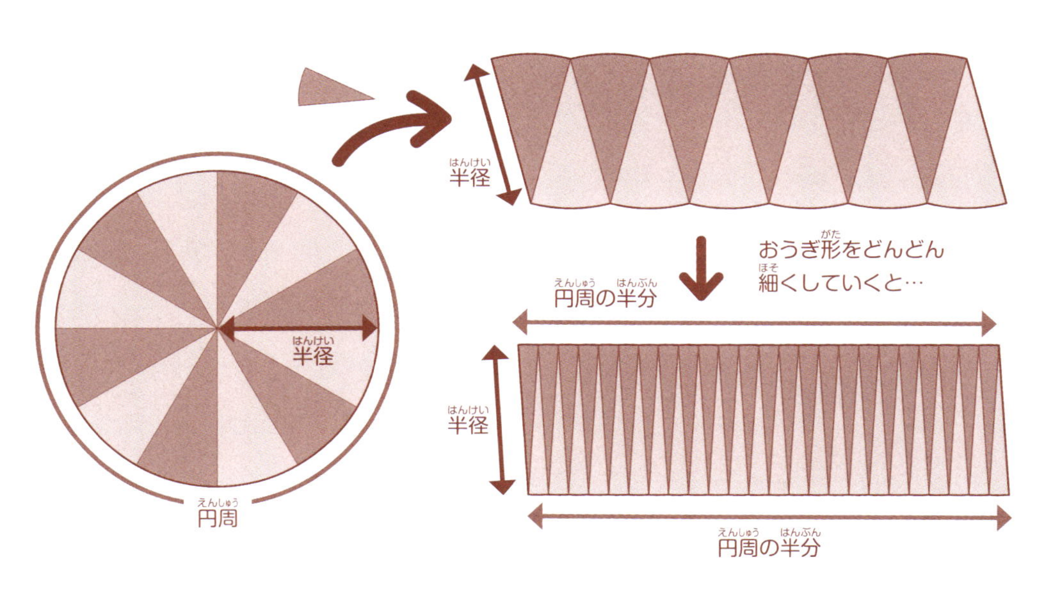

★落ちないマンホールのふた★

マンホールのふたは、なぜ「円」なのだろうか。「四角形」の場合、対角線よりも辺のほうが短いので、ふたがずれたときに下に落ちてしまう。これは「三角形」でも同じだ（辺よりも高さのほうが短いため）。
しかし「円」はどこからはかっても長さが同じ、つまり下に落ちないので、ふたはこの形をしているんだ。

なるほど理系脳クイズ！

半径5センチメートルの円の面積は？　①15.7　②31.4　③78.5

8 回転させてもはばがかわらない不思議な「ルーローの三角形」

円の直径は、どこからはかっても同じです。これは、回転させてもはばがかわらないということです。このような図形を「定幅図形」といいます。

数学者たちは古くから、円以外の定幅図形について考えてきました。その結果、いくつかの定幅図形が見つかっています。

最も有名なのは「ルーローの三角形」でしょう。ドイツの機械工学者フランツ・ルーローが考えたことから、その名がついています。

正三角形の3つの頂点をそれぞれ中心にして、三角形の一辺を半径とする円を3つえがきます。すると、正三角形の外側に、少し丸みをおびた三角形ができます。これがルーローの三角形です。

なお、イギリスの「50ペンスコイン」も定幅図形のひとつで、正七角形をふくらませたような形をしています。

ハカセMEMO!

ほかにもあるゾ！　定幅図形

正五角形をもとにしたもの

正七角形をもとにしたもの

正九角形をもとにしたもの

ルーローの三角形

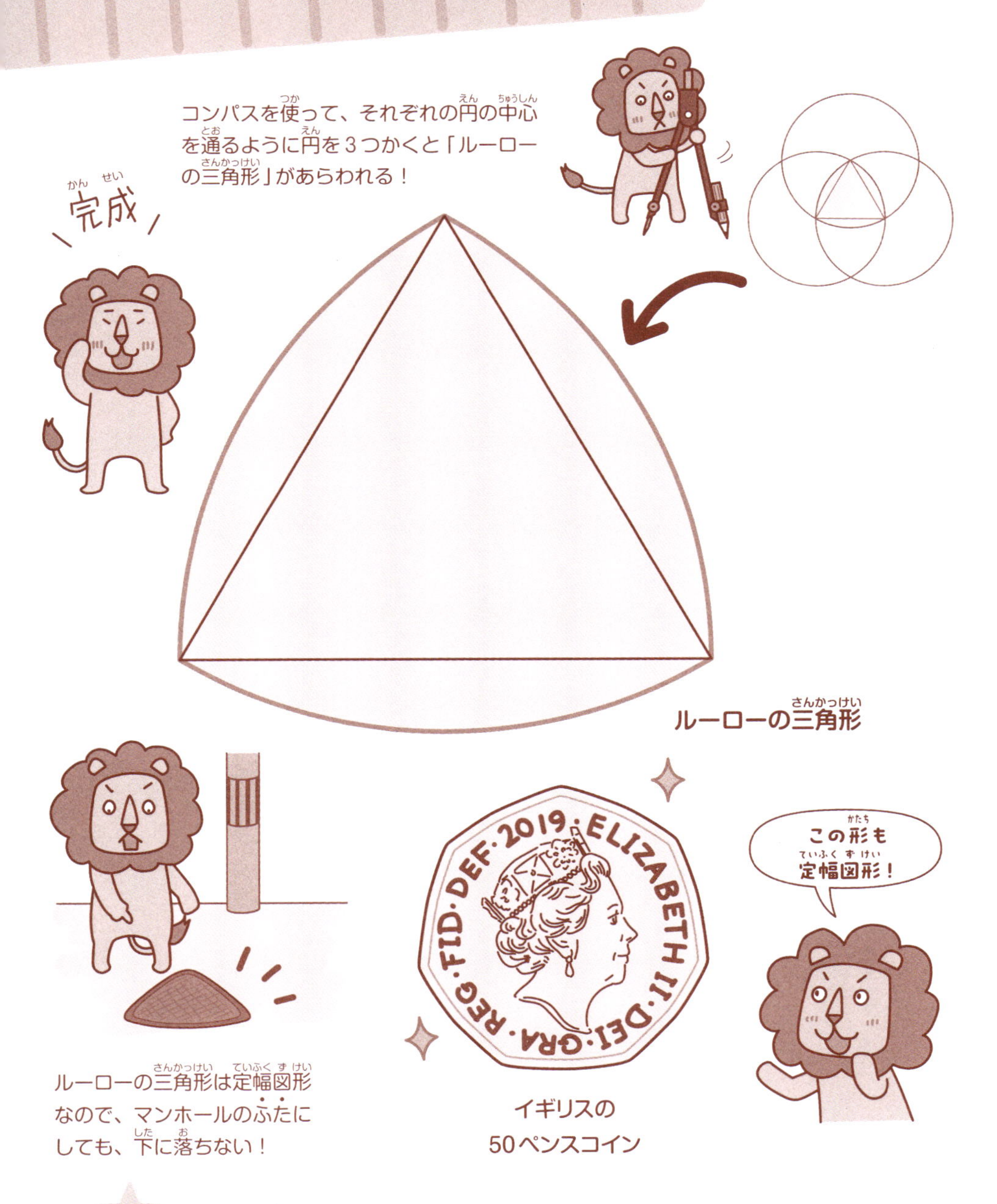

なるほど理系脳クイズ！

フランツ・ルーロー（1829～1905）と同じ時代の日本の人物は？　①勝海舟　②福澤諭吉

算数は地球を飛びだした！
宇宙にかくれた「曲線」

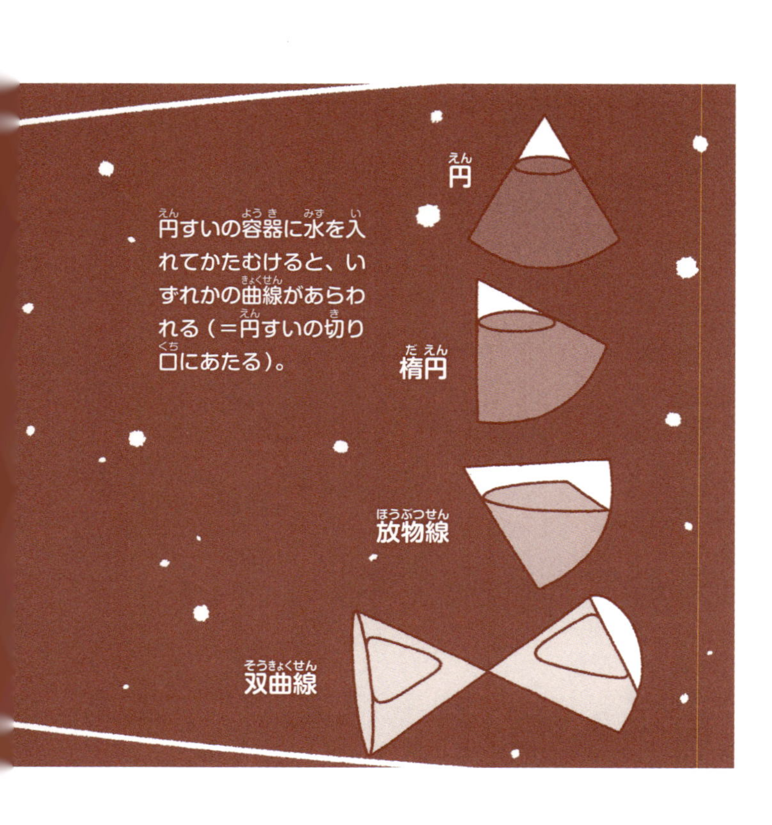

円すいの容器に水を入れてかたむけると、いずれかの曲線があらわれる（＝円すいの切り口にあたる）。

宇宙には、さまざまな曲線がかくれています。たとえば地球などの惑星は、円をつぶした「楕円」をえがきながら、太陽のまわりをまわって（公転して）います。

地球から、76年に1回見ることができるハレー彗星も、楕円をえがきます。ちなみに、ハレー彗星が次に地球や太陽に近づくのは、2061年です。

また、彗星のなかには、通り道が「放物線」や「双曲線」をえがくものもあります。これらは一度地球に近づいても、二度ともどってくることはありません（太陽系の外へ飛んでいってしまう）。

クイズの答え：P119➡②（1835～1901）

宇宙にかくれた円すい曲線

円・楕円・放物線・双曲線は、兄弟のようなものです。なぜなら円すいをさまざまな角度で切ると角度しだいで、いずれかがあらわれるためです。このような性質から、円・楕円・放物線・双曲線は「円すい曲線」とよばれます。

ハカセMEMO！

ガウディが愛した曲線

ひもやくさりなどの両はしを持ってぶら下げたときにできる曲線を「懸垂曲線」（カテナリー）というゾ。懸垂曲線を建築に生かしたのが、19～20世紀にスペインで活やくしたアントニ・ガウディという建築家じゃ。ガウディが設計した「サグラダファミリア」の一部にも、懸垂曲線が見られるゾ。

なるほど理系脳クイズ！

ボールを投げたときに、ボールがえがく曲線は？　①放物線　②懸垂曲線　③どちらでもない

10 オウムガイにあらわれる 美しい「対数らせん」

左ページのイラストは「オウムガイ」という生きものの、からの断面です。うずまきのような形が美しいですね。この、うずまきのような曲線は「対数らせん」とよばれます。

対数らせんは、中心から外へのばした直線（左ページ①の線）に対して、らせんがつねに一定の角度で交わります。

これは、らせんの巻き具合を決める角度がつねに一定だということです。ですから、らせんを拡大もしくは縮小しても、元のらせん（元のらせんを回転させたもの）といっちします。

対数らせんは、自然界のさまざまなところにあらわれます。たとえば、宇宙にうかぶ天の川銀河のうずは、基本的には対数らせんに沿っています。また、ヒマワリの種の並びや、松ぼっくりのかさの並びなども、対数らせんになっています。

ベルヌーイらせん

対数らせんは、対数らせんをくわしく研究したスイスの数学者、ヤコブ・ベルヌーイ（1654～1705）にちなんで「ベルヌーイらせん」とよばれることもあるのじゃ。ちなみに彼の名前は、「ベルヌーイ数」や「ベルヌーイ試行」など、多くの数学の分野（整数論や確率論など）で残っているゾ。

クイズの答え：P121➡①

美しい対数らせん

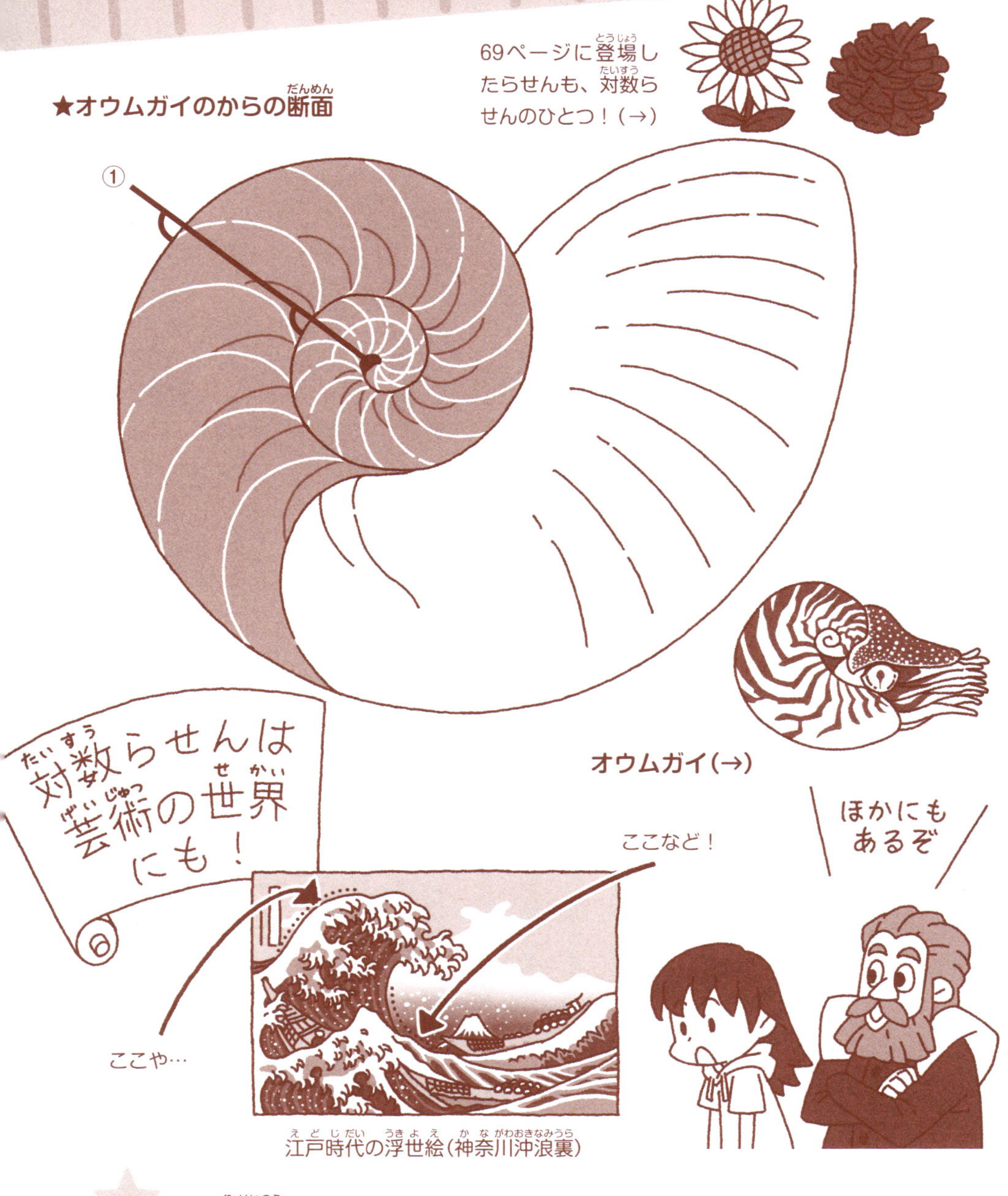

江戸時代の浮世絵（神奈川沖浪裏）

なるほど理系脳クイズ！

天の川銀河とは？　①ブラックホールの別名　②太陽や地球などが属している星の集団

クイズの答え:P123➡②

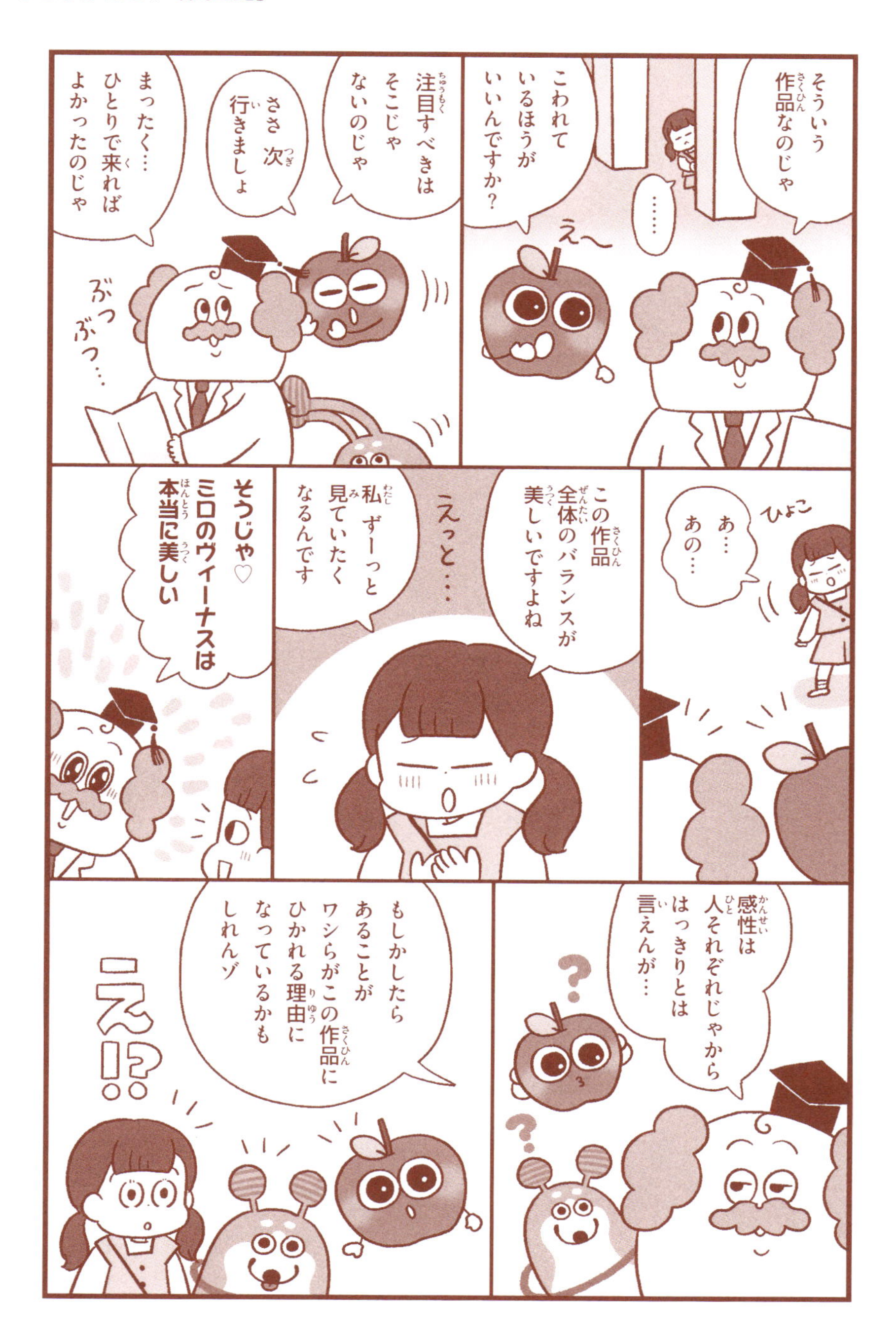
そういう
作品なのじゃ
こわれて
いるほうが
いいんですか？
……
え〜
注目すべきは
そこじゃ
ないのじゃ
ささ 次
行きましょ
まったく…
ひとりで来れば
よかったのじゃ
ぶつ
ぶつ…
ひょこ
あ…
あの…
この作品
全体のバランスが
美しいですよね
えっと…
私 ずーっと
見ていたく
なるんです
そうじゃ♡
ミロのヴィーナスは
本当に美しい
感性は
人それぞれじゃから
はっきりとは
言えんが…
?
?
もしかしたら
あることが
ワシらがこの作品に
ひかれる理由に
なっているかも
しれんゾ
え!?

それは「黄金比」じゃ!!
ピカー
黄金比とは古代から最も美しいとされる比率のことで
1：1.618033…※なのじゃ
※約5：8
1.618033…
1
黄金比はピラミッドやエトワール凱旋門などさまざまなところで用いられていて…
1.6
1
1.6
1
1
1.6
エトワール凱旋門
ピラミッド
ミロのヴィーナスもそのひとつなのじゃ
1.6
1
1
1.6
正五角形や正多面体にもかくれているゾ
正五角形
1.6
1
正十二面体
1.6
1
へ〜

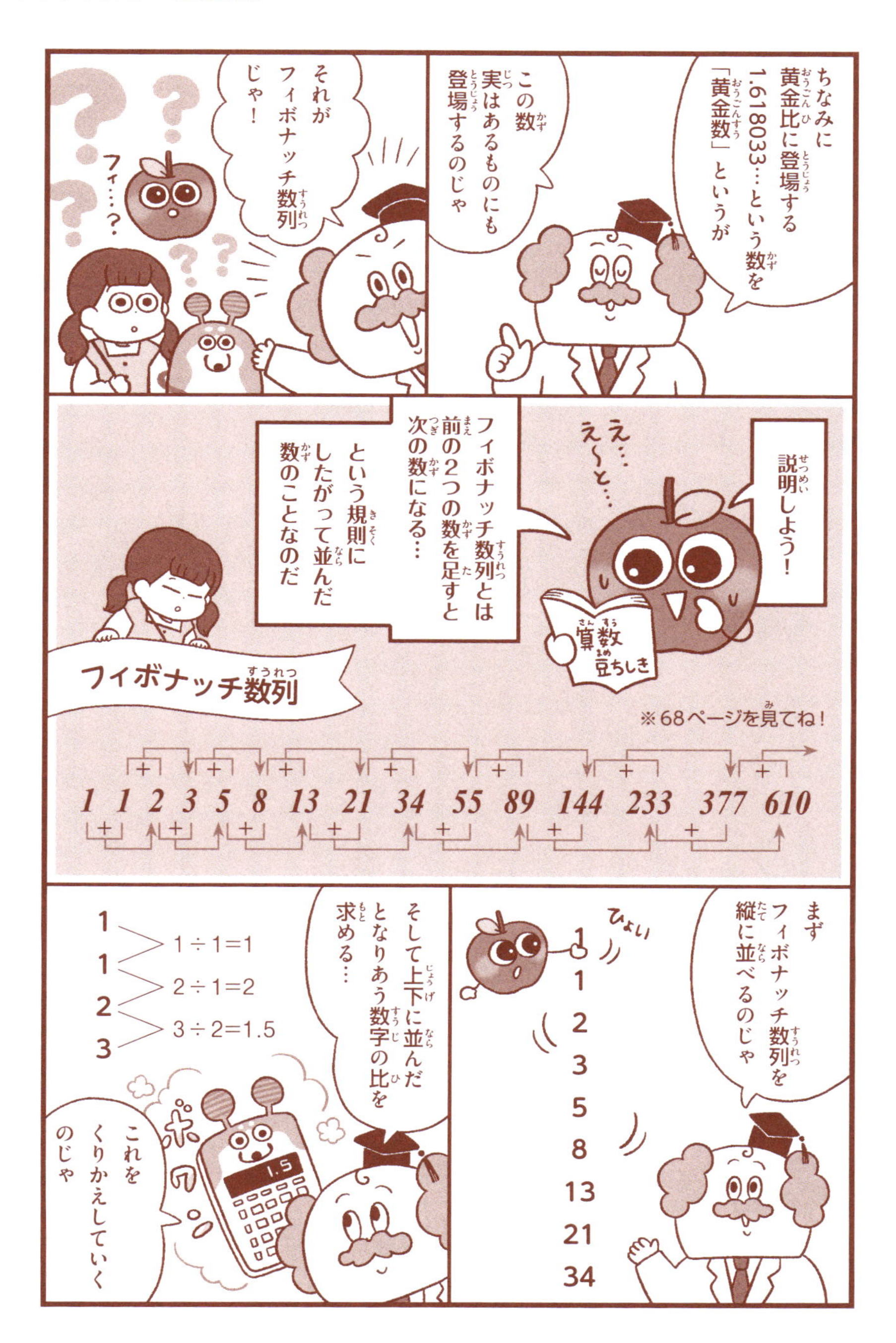
ちなみに
黄金比に登場する1.618033…という数を「黄金数」というが
この数 実はあるものにも登場するのじゃ
それがフィボナッチ数列じゃ！
フィ…？
説明しよう！
え…え～と…
算数豆ちしき
フィボナッチ数列とは前の2つの数を足すと次の数になる…
という規則にしたがって並んだ数のことなのだ
フィボナッチ数列
※68ページを見てね！
1 1 2 3 5 8 13 21 34 55 89 144 233 377 610
まずフィボナッチ数列を縦に並べるのじゃ
ひょい
1 1 2 3 5 8 13 21 34
そして上下に並んだとなりあう数字の比を求める…
1 1 2 3
1÷1=1
2÷1=2
3÷2=1.5
ポワ
1.5
これをくりかえしていくのじゃ

ふしぎ〜
1　1.000000倍
1　2.000000倍
2　1.500000倍
3　1.666666倍
5　1.600000倍
8　1.625000倍
13　1.615384倍
21　1.619047倍
34　1.617647倍
55　1.618181倍
89
⋮　⋮
n番目の数　1.618033…倍
するとなぜかかぎりなく黄金数に近づくのじゃ※
※n番目のフィボナッチ数は、黄金数がふくまれる式（ビネの公式）を使ってあらわすことができるという関係もある。
どうしたの？ワンちゃん
ツンツン
にゅっ
黄金比っ!!
1.6
1
1.6
1
こわっ
美しい…♡♡♡
たくさんお話を聞かせてくれてありがとう！
こちらこそなのじゃ

5章 なぞを解け！数と図形パズル

解いてみよう！「マッチぼうパズル」

最後の5章では、さまざまなパズルにちょうせんしてみましょう。パズルには、算数に出てくる数や図形が登場します。

まずは、ウォーミングアップとして「マッチぼうパズル」です。マッチぼうとは、先っぽに薬剤（頭薬）がついた木のぼうで、マッチ箱にぬられた薬剤（側薬）とこすり合わせると、火をおこすことができます。

問題では、決められた本数のマッチぼうを移動させて、式や図形を指示された形につくりかえてください。

例題

マッチぼうを1本だけ動かして、正しい式にしてください（答えはこの下）。

ハカセMEMO！

例題の答え

まず、「＋」の記号の縦ぼうを取り除くのじゃ。そして、それを使って3を9にかえると、「9－4＝5」という正しい式になるゾ。

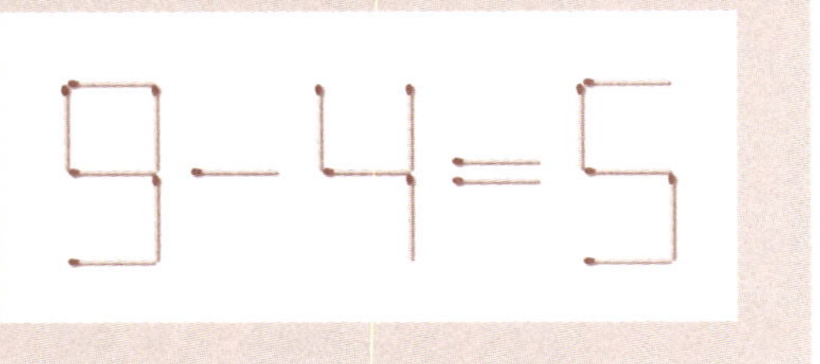

問題1～3（※答えは155ページ）

（※答えは155ページ）

問題1

11本のマッチぼうでつくられた家があります。このうち1本だけを動かして、家の向きをかえてみましょう。

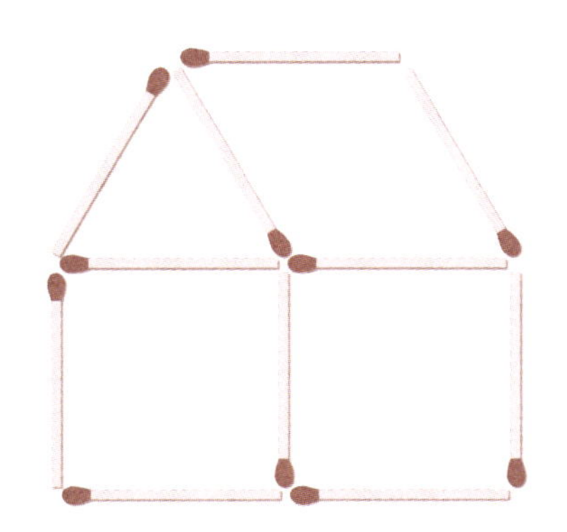

問題2

4本のマッチぼうでできたワイングラスの中に、チェリーがあります。マッチ棒を2本だけ動かして、チェリーをグラスの外に出してみましょう。

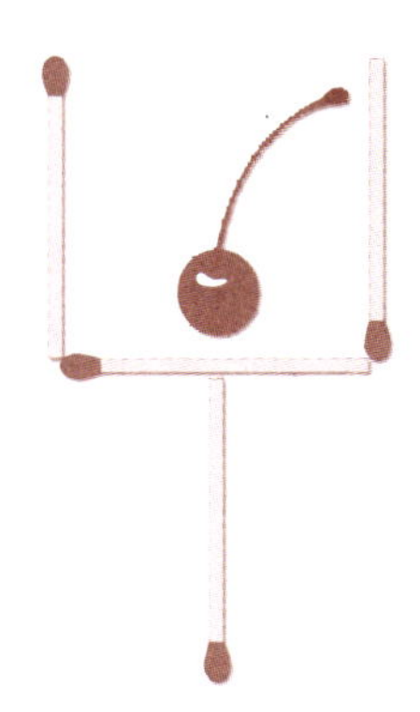

問題3

12本のマッチぼうでつくられた3個の正方形があります。
このうち4本を動かして、8個の同じ大きさの正方形をつくってみましょう。

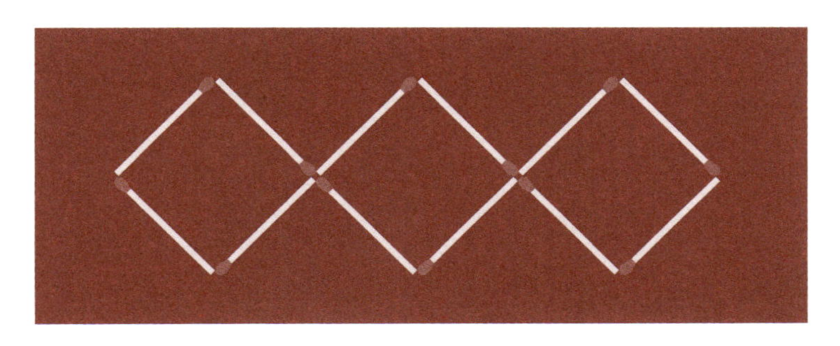

なるほど理系脳クイズ！

マッチぼうが誕生したのは、いつ？　①1703年　②1827年　③1964年

② 解いてみよう！「一筆書き迷路」

ある点からえんぴつの先をはなさず、また同じ線を通らないように、1本の線で図形をえがくことを「一筆書き」といいます。

一筆書きができる図形は決まっています。それは、「①合流している線の数が、すべての点で偶数になっている」もしくは「②合流している線の数が奇数になっていても、それがすべての点のうち2つしかない」ものです。

たとえば、下の家のような形をした図形は、②の条件にあてはまるので、一筆書きをすることができます。

道順も考えてみるのじゃ！

ケーニヒスベルクの橋の問題

18世紀のスイスの数学者レオンハルト・オイラーは、「右の図の橋をすべて1回ずつ歩き、元の場所にもどれるか」と問われ、上の文中①②の条件を発見したのじゃ。そして「一筆書きはできない」という結論を出したゾ。

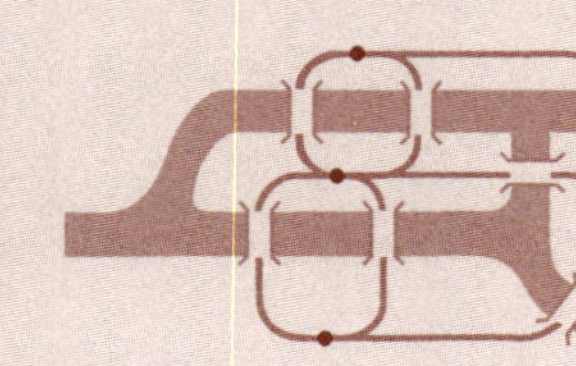

問題4（※答えは155ページ）

問題4

次の図形のうち、一筆書きができるのはどれでしょう。できるものは、その道順も考えてみましょう。

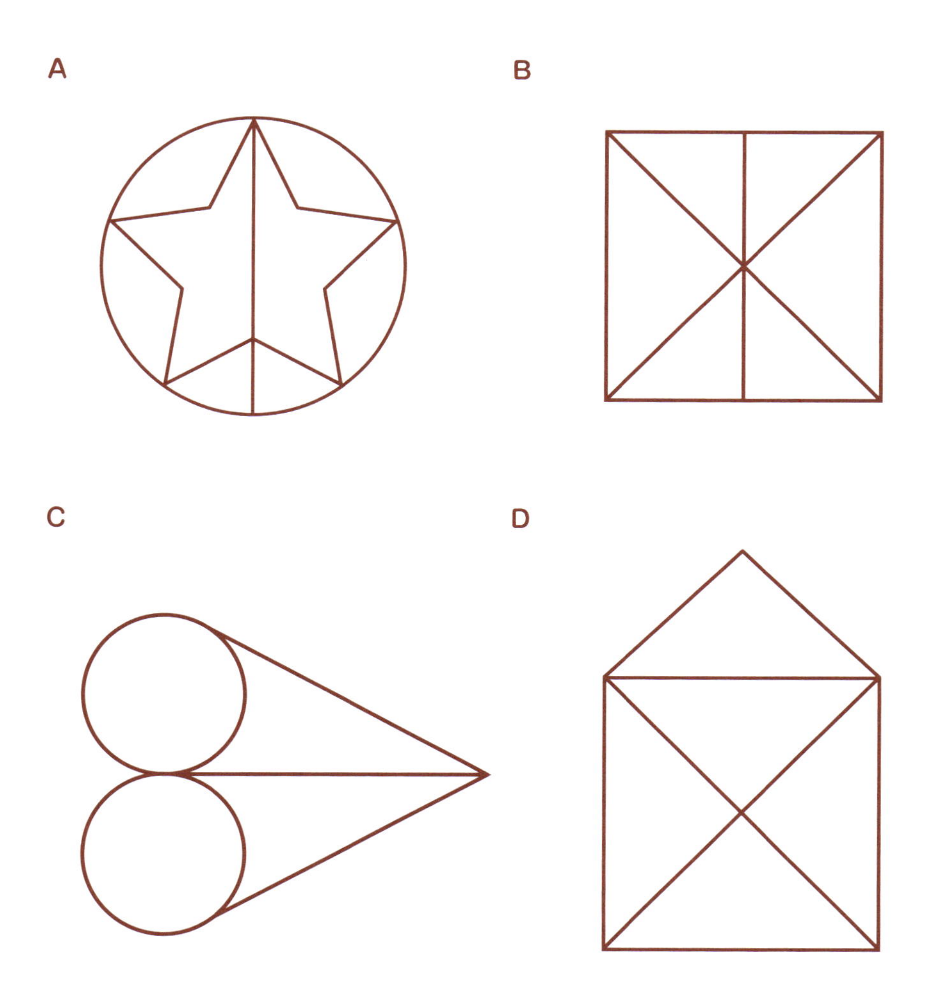

なるほど理系脳クイズ！

レオンハルト・オイラーに関するもので、実際にあるのは？　①オイラーの公式　②オイラーの三角形

3

江戸時代のパズル「碁石ひろい」

「碁石ひろい」とは、江戸時代に広く親しまれたパズルのひとつです。さまざまな形に並べられた碁石を、碁盤の線に沿って進みながら、一筆書きのように拾い集めていきます。

　スタート位置は自由で、①碁石のあるところか、線の上を通ることができます。②方向をかえられるのは、碁石があるところだけです。③あともどりはできず、④通った場所にある碁石はすべて拾わなければなりません。

試しに『和国知恵較』という本で紹介されている「ます」という問題を解いてみましょう。

例題

ハカセMEMO!

例題の答え

右の図のように1から順番に進んでいけば、すべての碁石を拾うことができるゾ。別の正解もあるので、さがしてみるのじゃ！

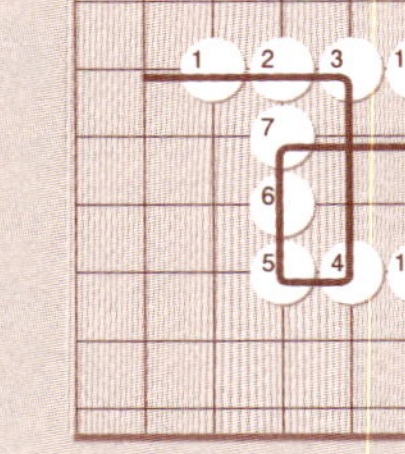

クイズの答え：P133➡①

問題5～7（※答えは156ページ）

右ページの①～④のルールに沿って、碁石を拾い集めましょう。

問題5（かんざし）

問題6（六角）

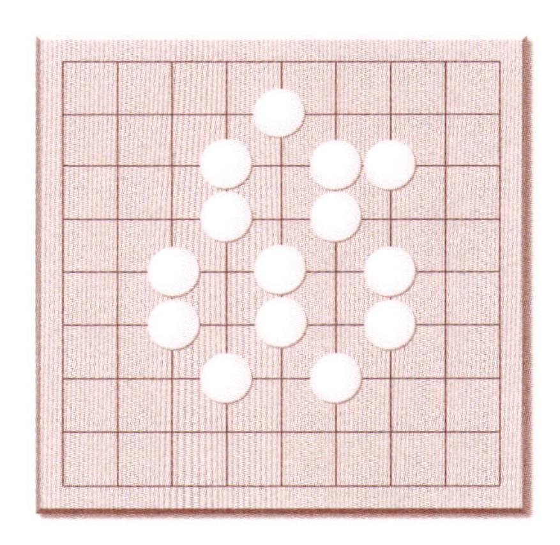

問題7（九の字）

なるほど理系脳クイズ！

オセロが生まれた国は？　①オーストラリア　②中国　③日本

解いてみよう！「シルエットパズル」

下の①のように、正方形を分割してできた三角形5つと、四角形2つを組み合わせて、示された図形（シルエット）をつくるパズルを「タングラム」といいます。タングラムは、組み合わせ方次第でさまざまな形をつくることができます。

江戸時代の日本にも、似たようなパズルがあったことが知られています。たとえば「清少納言知恵の板」は、②のように正方形を分割してできた三角形3つと、四角形4つを使います。タングラムと同じように、これらを並べかえて図形をつくります。下にその例を示しました。

①タングラム

②清少納言知恵の板

問題8～9（※答えは156ページ）

問題8（タングラム）

右ページ①のピースを並べかえて、次の図形をつくってみよう（右ページを拡大コピーして使ってね）。

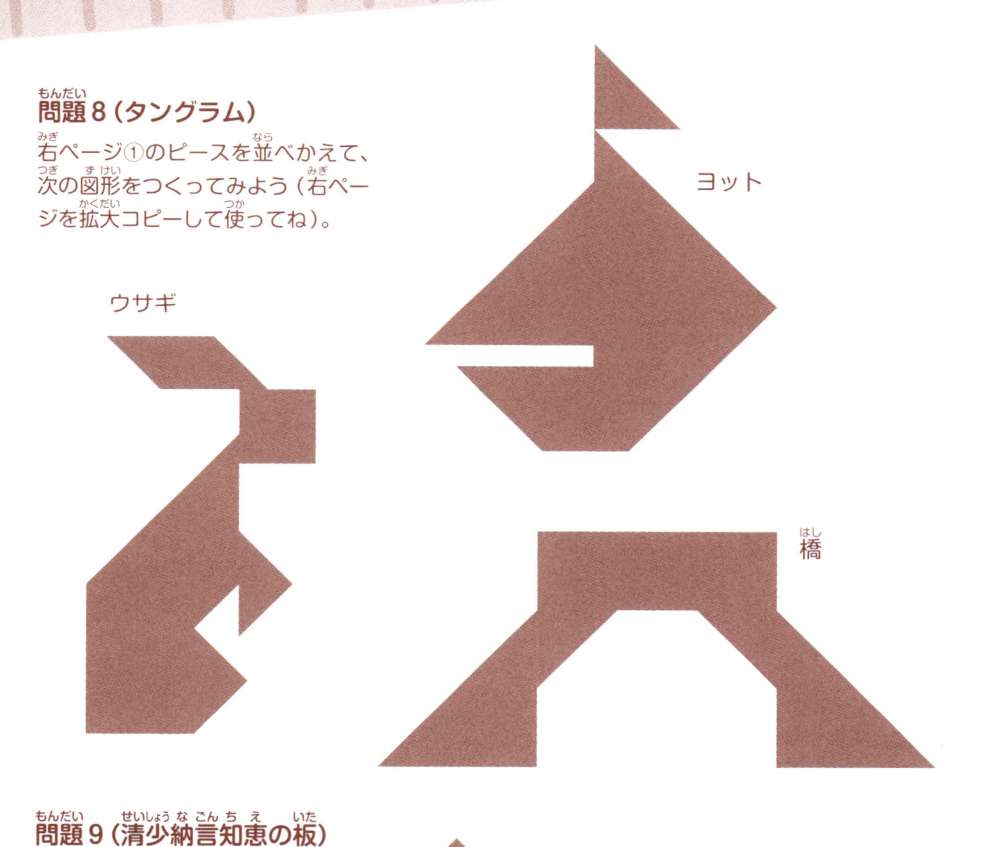

問題9（清少納言知恵の板）

右ページ②のピースを並べかえて、次の図形をつくってみよう。

どじょう

あんどん

なるほど理系脳クイズ！

清少納言は何時代の歌人？　①飛鳥時代　②平安時代　③江戸時代

ヒツジを囲え！／見えないサイコロ　ヒポクラテスの三日月

さて、ここでは3つのことなるタイプの図形を使ったパズルを解いてみましょう。

まずは、「問題10・ヒツジを囲え！」です。今、左ページのような囲いの中にヒツジがいます。あなたはここに、3本の直線のさくを立てようと思っています。さくをどのように配置すれば、ヒツジを1ぴきずつに分けることができるでしょうか。

次は「問題11・見えないサイコロ」です。サイコロAとBがあります。それぞれのサイコロを回転させたとき、「?」に入るのはaとbのどちらでしょう。

最後は「問題12・ヒポクラテスの三日月」です。ヒポクラテスとは、古代ギリシャ（紀元前500～紀元前400ころ）の数学者です。この図の、色のついた三日月部分の面積を求めてみましょう。

問題11のヒント

手がかりは、サイコロは「向かいあった面の数を足すと必ず7になる」ということじゃ！

問題12のヒント

ポイントは“求められるところ”から考えることじゃ。そして、全体から「白」を引くと…。

問題10 ～ 12（※答えは156ページ）

問題10・ヒツジを囲え！

問題11・見えないサイコロ

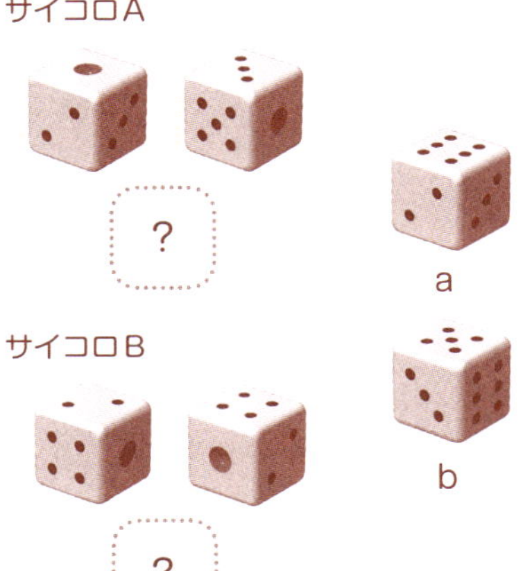

問題12・ヒポクラテスの三日月

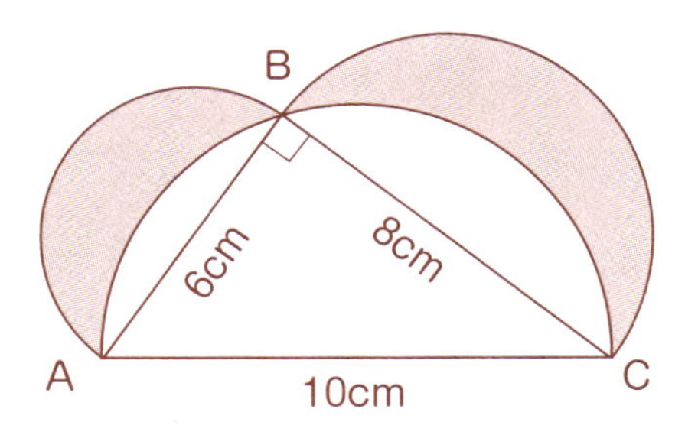

なるほど理系脳クイズ！

ヒポクラテスは何とよばれることがある？　①三日月のヒポクラテス　②キオスのヒポクラテス

6

組み合わせパズル

持っていないのは何円玉？

ある日Aさんが貯金箱に入っていた硬貨を数えると、15枚で合計150円でした。

お母さんが「たくさん持ってるね」と言うと、Aさんは「1円玉・5円玉・10円玉・50円玉・100円玉のうち1つだけないんだ」と言いました。Aさんが持っていないのは何円玉でしょうか。

15枚で150円になる硬貨の組み合わせは、①100円玉1枚、10円玉4枚、1円玉10枚、②100円玉1枚、5円玉9枚、1円玉5枚、③50円玉2枚、10円玉1枚、5円玉7枚、1円玉5枚、④50円玉1枚、10円玉6枚、5円玉8枚、⑤10円玉15枚の5通りです。

このなかで、1円玉・5円玉・10円玉・50円玉・100円玉の、どれか1つが欠けているのは③です。よって、Aさんが持っていないのは「100円玉」だとわかります。

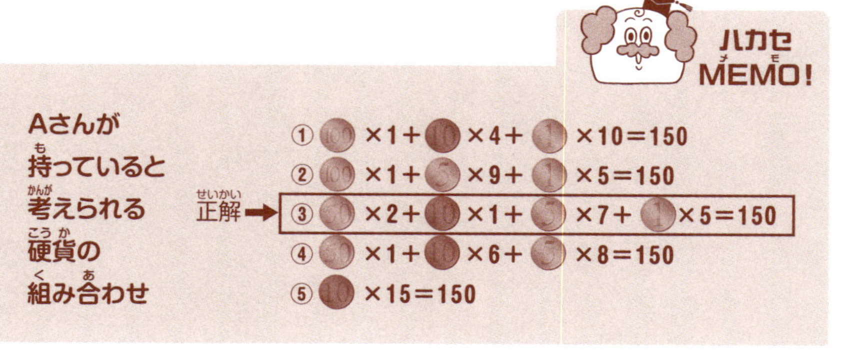

問題13（※答えは157ページ）

右ページの応用問題に、ちょうせんしてみよう！

問題13・おつりはいくら？

ある店で買い物をしたBさんは、レジで会計をしました。会計は1000円以下だったので、Bさんは1000円札を出しておつりをもらうことにしました。

店員は、硬貨６枚をおつりとしてBさんにわたしました。
ところが、このとき店員はうっかり100円玉のかわりに50円玉、50円玉のかわりに10円玉、10円玉のかわりに100円玉をわたしてしまいました。そのため、Bさんは270円多くおつりをもらうことになりました。

実際のおつりは、いくらだったでしょうか。

★ヒント★
「もらったおつり」を言いかえると…
・100円玉のかわりに50円玉 → －50円
・50円玉のかわりに10円玉 → －40円
・10円玉のかわりに100円玉 → ＋90円
となる。

左の３種類の硬貨６枚で「270円」になる組み合わせをさがすということじゃな！

なるほど理系脳クイズ！
10円玉に多くふくまれる成分（元素）は？　①銅　②銀　③アルミニウム

江戸時代のパズル「虫食い算」

江戸時代の和算（↓66ページ）の本には、さまざまな問題が登場します。そのひとつが「虫食い算」です。たとえば『竿頭算法』という本にのっているのが、次のような問題です。

ある人がタンスの中からメモを見つけた。銀を37人で等しく分けるという内容だったが、虫食いがあって全体が読めない。銀は全体で「□□23□□匁」。1人あたりの銀については、「2分3厘」と書かれた部分だけが残っている。銀全体の重さ、そして1人あたりの銀の重さはどれくらいか。

問題文を算数の式にすると、下の①のようになります。計算しやすいように式の形を②のようにかえて解くと352351、つまり銀全体の重さは「3貫523匁5分1厘」となります。

ここから、1人あたりの銀の重さも「95匁2分3厘」とわかります…③。

難

ハカセMEMO!

虫食い算に登場する式

①□□23□□÷37=□□23

②□□23×37=□□23□□（※右の式）

これを解くと…

→352351

③352351÷37=9523（95匁2分3厘）

```
      □□23
  ×     37
  ──────────
   □□□□□□
  □□□□□
  ──────────
  □□23□□
```

問題14～15（※答えは157ページ）

問題14

次の虫食い算を解いてみましょう。

①

$$\begin{array}{r} \square 9 \\ +6\square \\ \hline 127 \end{array}$$

②

$$\begin{array}{r} 78\square \\ \square 25 \\ +1\square 4 \\ \hline \square 540 \end{array}$$

問題15

数式の一部に文字や記号が書かれていて、それらに入る数字を考えるパズルを「覆面算」といいます。次の覆面算を解いてみましょう。なお、同じ文字には同じ数字が入り、ことなる文字には、ことなる数字が入ります。

①

$$\begin{array}{r} AB \\ -BA \\ \hline 1A \end{array}$$

②

$$\begin{array}{r} AB \\ \times\ \ C \\ \hline AAA \end{array}$$

③

$$\begin{array}{r} \text{パズル} \\ +\text{パズル} \\ \hline \text{ワカルカ} \end{array}$$

なるほど理系脳クイズ！

1匁は何グラム？　①3.75　②10　③16.21

8

マスと数字のパズル「ナンプレ」

「ナンプレ」（ナンバー・プレイス）は、縦9マス×横9マスの正方形を数字でうめるパズルです。アメリカの建築家ハワード・ガーンスによって考えだされたもので、1979年にニューヨークのデル・マガジン社からはじめて出版されました。

日本にナンプレが広がるきっかけをつくったのは、ニコリ社の鍛冶真起さんです。1984年に「数字は独身に限る」と題して紹介したのが最初で、ここから「数独※」とよばれるようになりました。

ナンプレは、現在では世界中で人気を集めるパズルに成長しました。4×4マスや6×6マスのもの、数字のかわりに文字を入れるものなど、さまざまなパターンがつくられています。

みなさんも下の「ナンプレの解き方」で肩慣らしをしたあと、左ページの問題にちょうせんしてみてください。

※数独（Sudoku）は、株式会社ニコリの登録商標。

ハカセMEMO!

ナンプレの解き方

あいているマスに数字（9×9マスの場合は1〜9、6×6マスの場合は1〜6、4×4マスの場合は1〜4）を入れていくのじゃ。このとき、縦・横の列、太線のブロックの中で、同じ数字が重ならないようにするのじゃ。

3	4		1
2	1	3	4
1	2	4	3
4		1	2

※この問題の答えは157ページ。

クイズの答え：P143➡①（5円玉1枚と同じ重さ）

問題16（※答えは157ページ）

問題16

次の問題を解いてみましょう。

①

3	1	2	4	6	5
5		6	2	1	3
1	6	3	5	4	2
4	2	5	1	3	6
6	5	4	3		1
2	3	1	6	5	4

②

6	9		8		1	2	4	3
2		8		4		5		6
	3	5	9	6	2	1	7	8
3	2	1		8	7	4		9
7	5	9	3		4	6	8	
8	6	4	2	9		7	3	1
9	7		5	2	6	8	1	
5		6		3		9		7
1	8	2	4		9		6	5

このページを
コピーして使ってね！

③

	3	4				7	2	
7	8	2	5		1	9	4	6
9	7	6	4	2	3	1	5	8
8	4	1	6	5	7	3	9	2
	2	5	1	8	9	4	6	
		8	9	1	2	5		
			3	6	8			
				4				

④

				1				
	2		7	8	4		1	
		1	3	2	5	9		
	4	5	2		3	8	7	
7	8	6				4	2	3
	1	2	4		8	5	9	
		8	5	4	6	7		
	3		1	9	2		8	
				3				

なるほど理系脳クイズ！

1から10までの数字をすべて足したときの和は？　①24　②55　③70

9 解けそうで解きにくい…「計算パズル」

1ぴきのカタツムリが、高さ10センチメートルの葉っぱに登ろうとしています。

このカタツムリは、昼間は3センチメートル登れますが、夜に2センチメートルすべり落ちてしまいます。つまり、1日全体では1センチメートル登れるというわけです。このカタツムリは、何日でてっぺんに達することができるでしょう。

思わず「10日間かかる」と答えてしまった人も、少なくないでしょう。しかし、下の図からわかるように、8日目の昼間にてっぺんに達します（＝8日間かかる）。

計算を使ったパズルには、このように簡単に解けそうにみえるけれど、よく考えないと正解を出せないタイプのものもあります。では、頭をやわらかくして、左ページの問題を考えてみましょう。

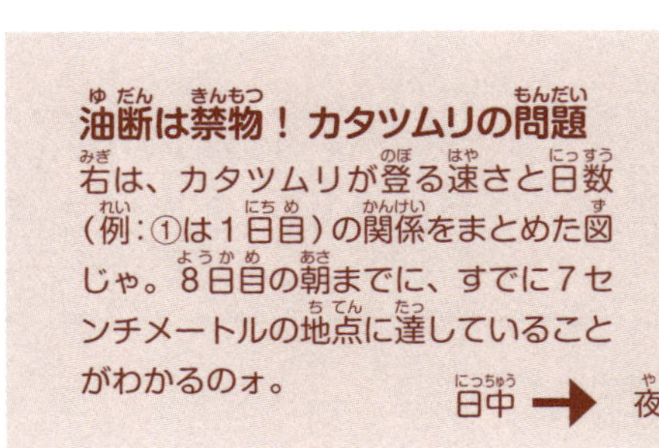

油断は禁物！ カタツムリの問題

右は、カタツムリが登る速さと日数（例：①は1日目）の関係をまとめた図じゃ。8日目の朝までに、すでに7センチメートルの地点に達していることがわかるのォ。

日中➡　夜間➡

クイズの答え：P145➡②

問題17 ～ 18（※答えは158ページ）

問題17

船の側面に、10段のなわでできた「はしご」がかかっています。はしご1段の間隔は1メートルです。引き潮のとき、水面は下から3段目のところにありました。しかしその後潮が満ちて、水位が5メートル上がりました。

水面は今、はしごの下から何段目にあるでしょうか。

問題18

1時間おきに音の鳴る柱時計があります。1時には1回、2時には2回という具合です。

ある日、この時計が6時を示したとき、音が6回鳴りました。1回目の音が鳴りはじめてから6回目の音が鳴りはじめるまでにかかった時間をはかったところ「6秒」でした。

では、この時計が12時を示したとき、1回目の音が鳴りはじめてから12回目の音が鳴りはじめるまでにかかった時間は何秒でしょうか。

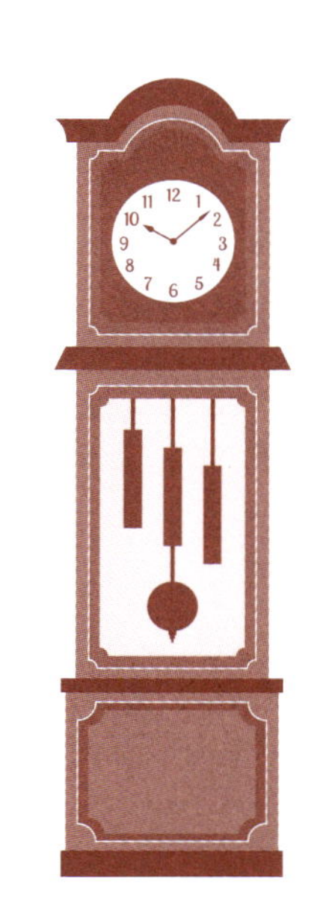

なるほど理系脳クイズ！
海の潮の満ち引きに関係している天体は？　①水星　②金星　③月と太陽

10 ちょうせんしてみよう！
じっくり考える「論理パズル」

　最後に、筋道を立ててじっくりと考える「論理パズル」にちょうせんしてみましょう。
　問題19は「川わたり」です。川岸にいる旅人がボートを使って何往復かして、一緒に連れてきたオオカミとヒツジ、そしてキャベツを、すべて対岸にわたす方法を考えます。
　問題20は「正直者とうそつき」です。Aさん、Bさん、Cさんの中に「正直者」と「いいかげん」と「うそつき」が1人ずついるので、それぞれがだれなのかを考えます。少しむずかしいので、Aさんが「正直者」だった場合、「いいかげん」だった場合、「うそつき」だった場合というふうに考えてみましょう。
　なお、どちらも論理パズルの問題としては昔からあるもので、細かい部分をかえた、さまざまなパターンがつくられています。

ハカセMEMO！

スフィンクスのなぞかけ

「朝は4本足、昼は2本足、夜は3本足で歩くものは何だ」。これは、ギリシャ神話に登場するかいじゅう「スフィンクス」が、オイディプスという英雄にしたなぞかけ（クイズ）じゃ。オイディプスが見事に正解すると、面目を失ったスフィンクスは身を投げて死んでしまったそうじゃ。さて、お主は この、なぞかけを解けるかな？
（→答えは155ページ）

問題19～20（※答えは158ページ）

問題19

今、旅人が川をわたろうとしています。旅人は1そうのボートを使って何往復かすることで、すべての荷物（オオカミ、ヒツジ、キャベツ）を対岸にわたしたいと考えています。どんな順番でボートに乗せればいいでしょうか。

条件

・旅人はオオカミ、ヒツジ、キャベツのうち、どれか1つしか一緒に運べない。
・旅人がいなくなると、オオカミはヒツジを、ヒツジはキャベツを食べてしまう。

問題20

3人のうち、正直者、いいかげん、うそつきは、それぞれだれでしょうか。

なお、「正直者」はいつも正しいことを言い、「いいかげん」は正しいことを言うことも、正しくないことを言うこともあります。「うそつき」は、いつも正しくないことを言います。

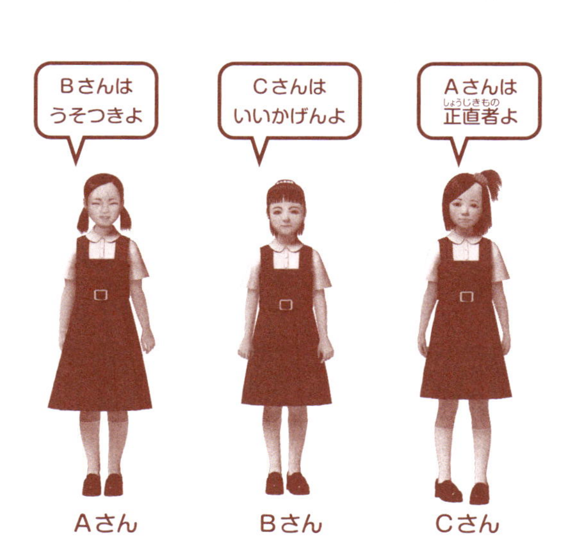

なるほど理系脳クイズ！

最も古い「川わたりの問題」をつくったとされるのは？　①アルクイン　②ケプラー

クイズの答え：P149➡①

バ───ン
ちょうせんして
もらうのはこちら！
ここに
3つのドアが
あります
ドアを開けて
100万円があれば
あなたの勝ちです
A
B
C
さあ 1つ
選んでください
う…
う～ん
…よしAだ！
おっと！
ちょっと待って
ください
ガチャ
ポトッ
B
実は
Bはハズレでした
危なかったですねー
Aのままでも
いいですが
Cにかえても
いいですよ
どうします？
えっ…!?
う～ん…
うわー
なやむなぁ
ドキ
ドキ
ハカセだったら
どうします？
りんご
チップス

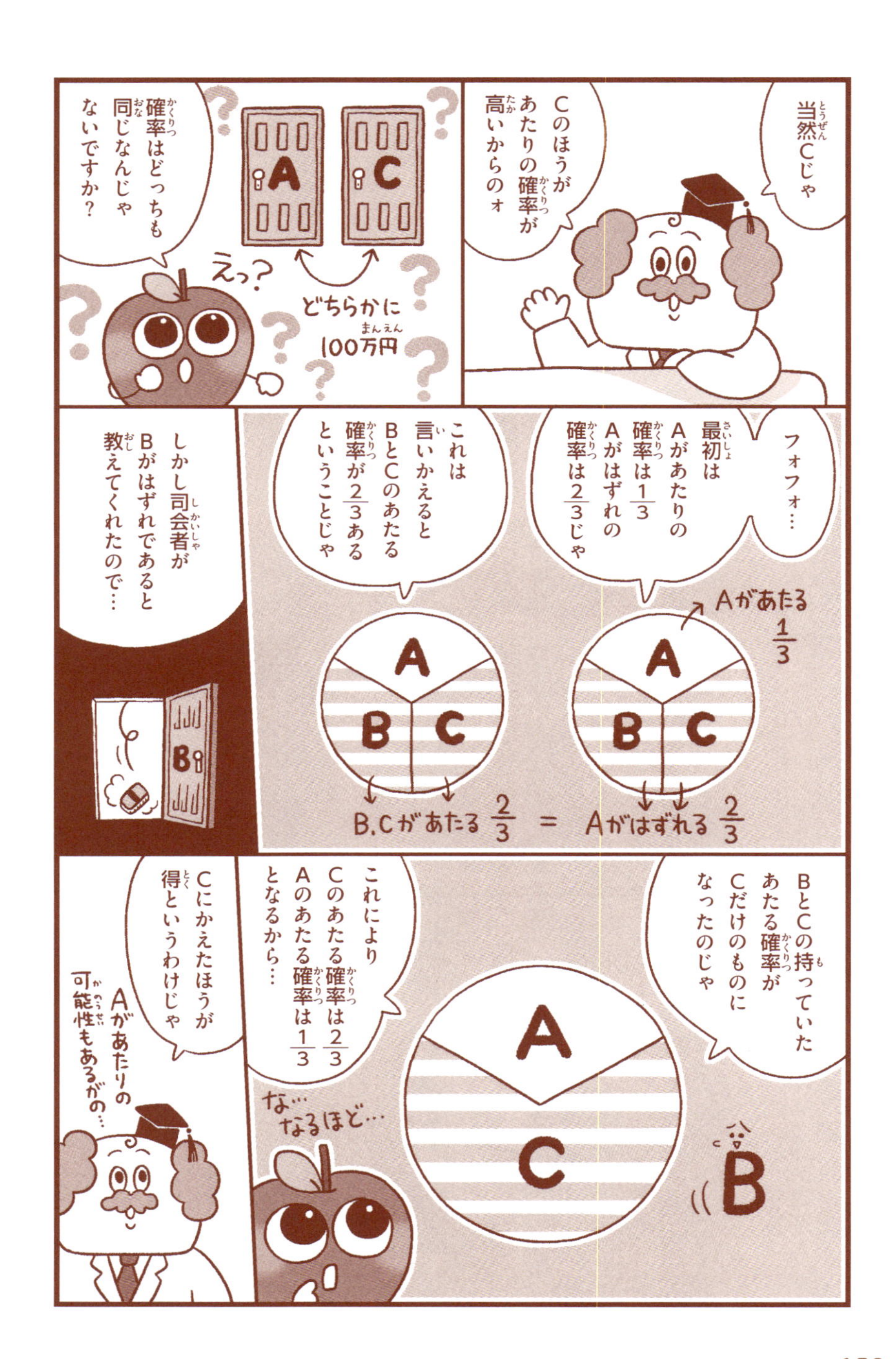
当然Cじゃ
Cのほうがあたりの確率が高いからのォ
確率はどっちも同じなんじゃないですか？
えっ？
どちらかに100万円
フォフォ…
最初はAがあたりの確率は1/3 Aがはずれの確率は2/3じゃ
Aがあたる 1/3
これは言いかえるとBとCのあたる確率が2/3あるということじゃ
B.Cがあたる 2/3 ＝ Aがはずれる 2/3
しかし司会者がBがはずれであると教えてくれたので…
BとCの持っていたあたる確率がCだけのものになったのじゃ
これによりCのあたる確率は2/3 Aのあたる確率は1/3となるから…
な… なるほど…
Cにかえたほうが得というわけじゃ
Aがあたりの可能性もあるがの…

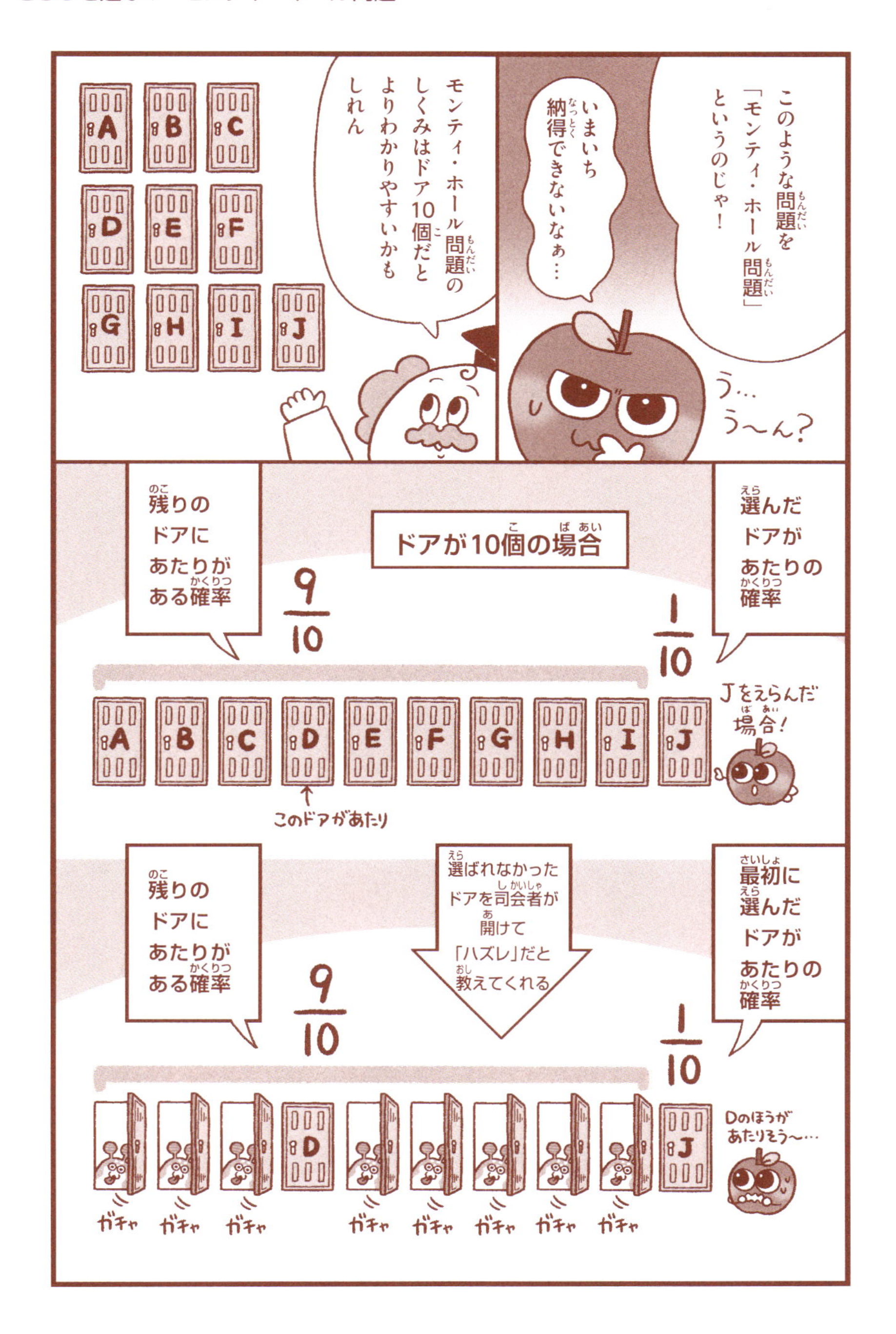
このような問題を「モンティ・ホール問題」というのじゃ！
いまいち納得できないなぁ…
う…う〜ん？
モンティ・ホール問題のしくみはドア10個だとよりわかりやすいかもしれん
A B C D E F G H I J
ドアが10個の場合
選んだドアがあたりの確率
1/10
残りのドアにあたりがある確率
9/10
Jをえらんだ場合！
このドアがあたり
最初に選んだドアがあたりの確率
1/10
選ばれなかったドアを司会者が開けて「ハズレ」だと教えてくれる
残りのドアにあたりがある確率
9/10
Dのほうがあたりそう〜…
ガチャ
ガチャ
ガチャ
ガチャ
ガチャ
ガチャ
ガチャ
ガチャ

これだと
たしかに選ぶドアを
かえたくなるなぁ
わっ
おめでとう
ございます！
1,000,000
賞金
かくとくです!!!
もし
100万円あったら
りんごは何をする？
いいな～
だら～
映画を見ながら
ふかふかのソファで
アップルパイの
食べくらべとか♡
サイコー
APPLE
CAKE
結局
だらだらする
のじゃな…
できるなら一生
家から出たくない♡
だら～
わあん
ポリ
ポリー
仕方ない…
日帰り温泉の入浴券が
あるんじゃが
ひとりで行くと
するか
行く
わあんっ
シャキッ
部屋の
片づけで出て
きたんじゃ
入浴券

答え

節01 マッチぼうパズル

（131ページ）

問題1

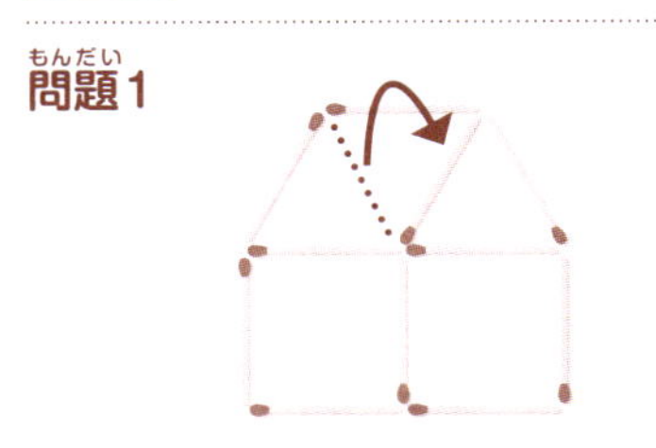

問題2

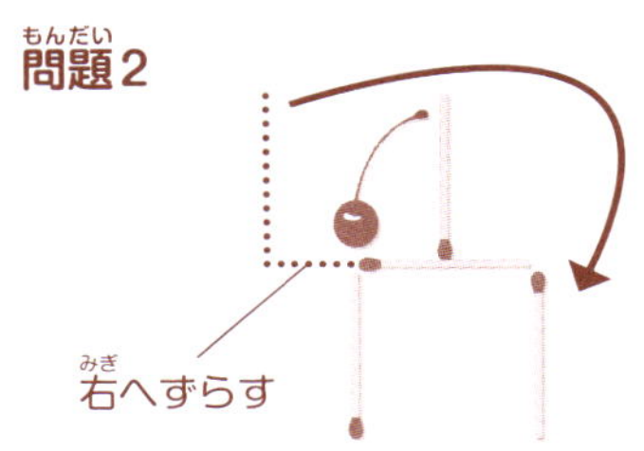

問題3

節02 一筆書き迷路

（133ページ）

問題4　AとD

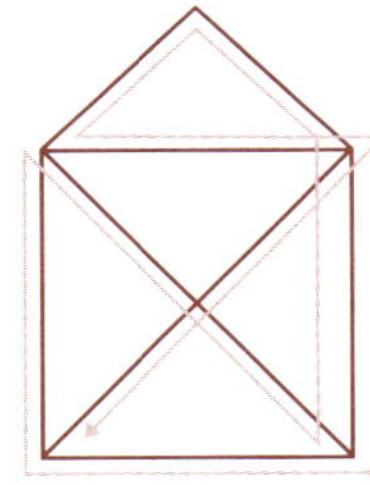

ギャラリー・1～4章の問題

4ページ

- 1＋2＋3＋4＋5＋6＋7＋8×9＝100
- 1－2－34＋56＋7＋8×9=100
- 12×3－4＋5－6＋78－9=100
- 123－45－67＋89=100　など

※答えは、これら以外にもある。

67ページ

①3リットルのますを3回使って、おけから7リットルのますに油を移す。②3回目は1リットルしか入らないので、3リットルのますに2リットル油が残る。

❸7リットルのますに入った油をおけに移す。このとき、おけにはもともとあった1リットルとあわせて、8リットルの油があることになる。

❹3リットルのますに残っている油（2リットル）を、7リットルのますに移す。

❺空になった3リットルのますで、おけから油をくみだす。

❻この油を7リットルのますに入れると、ますの油は5リットルになる。これで、5リットルずつに分けることができた。

148ページ

人間（小さいころは4本足でハイハイをし、だんだん2本足で歩くようになり、歳をとるとつえをついて3本足で歩くから）

問題9

節05 3つのパズル
（139ページ）

問題10

問題11

サイコロA

   b

サイコロB

   a

節03 碁石ひろい
（135ページ）

問題5〜7

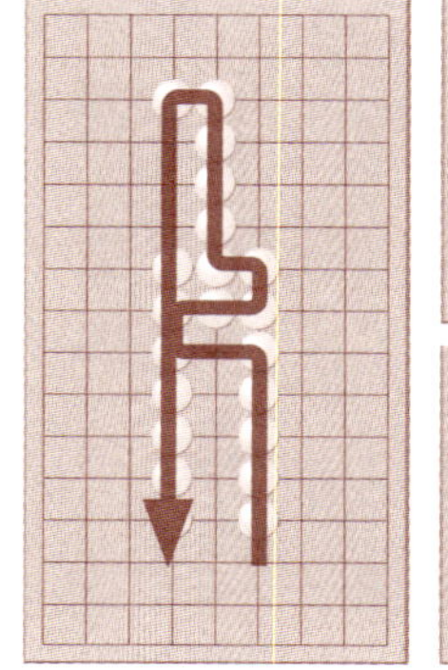

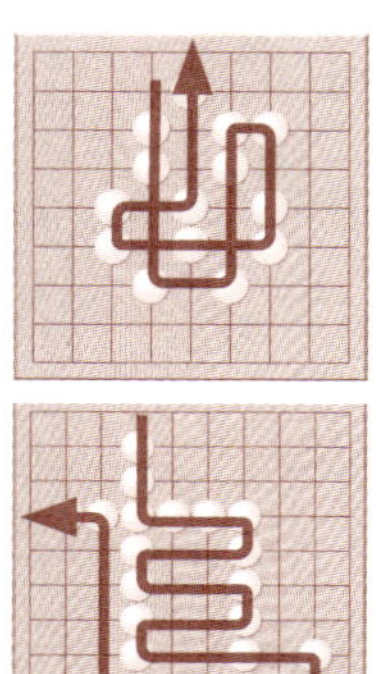

節04 シルエットパズル
（137ページ）

問題8

問題12

全体の面積から、白い半円の面積を引くことで求める。

まず、直角三角形ABCの面積は、

8×6÷2＝24 ……①

右側の半円の面積は、

（4×4×3.14）÷2＝25.12 ……②

左側の半円の面積は、

（3×3×3.14）÷2＝14.13 ……③

①〜③を足すと、

24＋25.12＋14.13 ＝63.25 ……③

次に、白い半円の面積を求める。

（5×5×3.14）÷2＝39.25 ……④

③から④を引くと、

63.25 − 39.25＝24（cm^2）

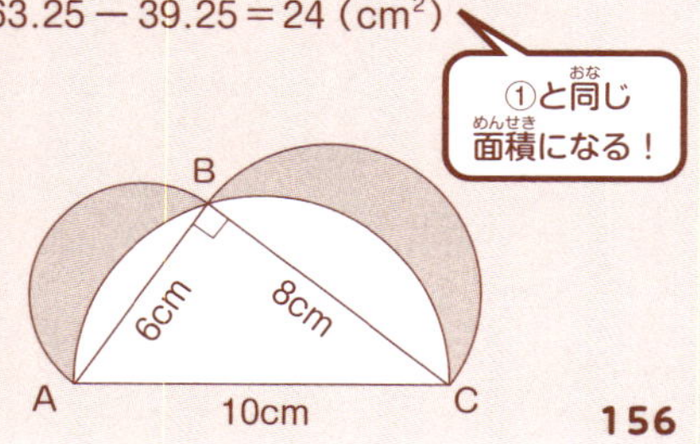

③

$$
\begin{array}{r}
924 \\
+924 \\
\hline
1848
\end{array}
$$

節 08

ナンプレ

（144・145ページ）

144ページ

3	4	2	1
2	1	3	4
1	2	4	3
4	3	1	2

問題16

①

3	1	2	4	6	5
5	4	6	2	1	3
1	6	3	5	4	2
4	2	5	1	3	6
6	5	4	3	2	1
2	3	1	6	5	4

②

6	9	7	8	5	1	2	4	3
2	1	8	7	4	3	5	9	6
4	3	5	9	6	2	1	7	8
3	2	1	6	8	7	4	5	9
7	5	9	3	1	4	6	8	2
8	6	4	2	9	5	7	3	1
9	7	3	5	2	6	8	1	4
5	4	6	1	3	8	9	2	7
1	8	2	4	7	9	3	6	5

節 06

おつりはいくら？

（141ページ）

問題13　190円

（－50円）×a枚、（－40円）×b枚、（＋90円）×c枚を合計すると270円になる組み合わせをさがす。

すべての組み合わせを書きだすと、aが1、bが1、cが4のときだけ条件を満たす。これらの数を、本来もらうはずだった硬貨に置きかえると、「100円玉×1枚、50円玉×1枚、10円玉×4枚」となる。

これらを足し合わせて、実際のおつりは「190円」と求められる。

虫食い算・覆面算

（143ページ）

問題14

①

$$
\begin{array}{r}
\boxed{5}9 \\
+6\boxed{8} \\
\hline
127
\end{array}
$$

②

$$
\begin{array}{r}
78\boxed{1} \\
\boxed{6}25 \\
+1\boxed{3}4 \\
\hline
\boxed{1}540
\end{array}
$$

問題15

①

$$
\begin{array}{r}
86 \\
-68 \\
\hline
18
\end{array}
$$

②

$$
\begin{array}{r}
37 \\
\times\ 9 \\
\hline
333
\end{array}
$$

節10 論理パズル
（149ページ）

問題19
①旅人とヒツジが右岸にわたる。②ヒツジを右岸に残し、旅人が左岸にひとりでもどる。③旅人とオオカミが右岸にわたる。④オオカミを右岸に残し、旅人とヒツジが左岸に一緒にもどる。⑤旅人とキャベツが右岸にわたる。⑥旅人がひとりでもどり、⑦旅人とヒツジが右岸に一緒にわたる。

問題20
正解は、Aさんが「うそつき」、Bさんが「正直者」、Cさんが「いいかげん」。

Aさんが「正直者」だとすると…
Bさんは「うそつき」となるので、残ったCさんが「いいかげん」となる。一方で、BさんはCさんのことを「いいかげん」と言っているが、Bさんは「うそつき」なので、むじゅんが生じる。

Aさんが「いいかげん」だとすると…
BさんかCさんが「正直者」もしくは「うそつき」となる。Cさんが「正直者」なら、Cさんの言っていることにむじゅんが生じる。
Cさんが「うそつき」なら、Bさんが「正直者」となる。しかし、Bさんは「Cさんはいいかげん」と言っているので、むじゅんが生じる。

Bさんは
うそつきよ

Cさんは
いいかげんよ

Aさん：
うそつき

Bさん：
正直者

Cさん：
いいかげん

③

6	5	9	2	7	4	8	3	1
1	3	4	8	9	6	7	2	5
7	8	2	5	3	1	9	4	6
9	7	6	4	2	3	1	5	8
8	4	1	6	5	7	3	9	2
3	2	5	1	8	9	4	6	7
4	6	8	9	1	2	5	7	3
5	9	7	3	6	8	2	1	4
2	1	3	7	4	5	6	8	9

④

8	5	3	6	1	9	2	4	7
6	2	9	7	8	4	3	1	5
4	7	1	3	2	5	9	6	8
9	4	5	2	6	3	8	7	1
7	8	6	9	5	1	4	2	3
3	1	2	4	7	8	5	9	6
1	9	8	5	4	6	7	3	2
5	3	7	1	9	2	6	8	4
2	6	4	8	3	7	1	5	9

節09 計算パズル
（147ページ）

問題17
水位が上がれば船も一緒にうかび上がるので、水面は下から3段目のまま。

問題18
12秒と答えてしまいそうだが、正解は「13.2秒」。6回目の音が鳴りはじめるまでの「音と音のかんかく」は5個。6秒で5個ということは、それぞれのかんかくは1.2秒だ。
同じように、12回目の音が鳴りはじめるまでの「音と音のかんかく」は11個。1.2秒が11個なので、1.2×11=13.2秒となる。

マンガ

松本麻希	36-40, 70-74, 96-100, 124-128, 150-154

イラスト

イケウチリリー	19, 49, 89, 94-95, 105, 109
桜井葉子	21, 43, 45, 47, 61, 63, 69, 91, 107, 111
さやなん。	14, 25, 27, 55, 57, 65, 67, 83, 102, 117, 119
関上絵美・晴香	29, 106, 112
深蔵	33, 34-35, 76-77, 85, 87
堀江篤史	14-15, 17, 23, 42, 59, 76-77, 79, 80-81, 93, 102-103, 113, 115
まるみや	31, 42-43, 51, 53, 102-103, 120-121, 123

イラスト・写真

2-3	maroke/stock.adobe.com
4	(弁当とシール)あしたばきょうこ/stock.adobe.com, logistock/stock.adobe.com, (小野小町)freehand/stock.adobe.com
5	Newton Press・galyna_p/stock.adobe.com
6	vlad_g/stock.adobe.com
7	(ジオデシックドーム)AFLO, (オウムガイ)feliks/shutterstock.com
34-35	Newton Press・カサネ・治
67	国立国会図書館
69	(松ぼっくり)Newton Press・Mushy/stock.adobe.com
77	BIPM
78	羽田野乃花
83	BIPM
84	羽田野乃花
105	(Stanford Bunny)Darren Engwirda
110	Kevin Booth/stock.adobe.com
114	(モルワイデ図法)igapy/stock.adobe.com, (正距方位図法)JDolezal/stock.adobe.com
115	Sora/stock.adobe.com
118	aboabdelah/stock.adobe.com
136-137	Newton Press・Vikivector/stock.adobe.com, Olga/stock.adobe.com
139	AnnstasAg/stock.adobe.com
141	fumi/stock.adobe.com
147	(柱時計)sirikornt/stock.adobe.com
149	Newton Press・(キャベツ)Екатерина Якубович/stock.adobe.com, (ヒツジ)Nezamur/stock.adobe.com, (女の子)富崎NORI
156	(節04)Vikivector/stock.adobe.com, Olga/stock.adobe.com, (節05)AnnstasAg/stock.adobe.com
158	(節10)富崎NORI
Newton Press	52, 53, 55, 57, 61, 69, 83, 104, 108, 116, 130-135, 139, 140, 147, 155, 156

［監修］

小山信也／こやま・しんや

東洋大学理工学部教授。博士（理学）。東京大学理学部数学科卒業。専門分野は整数論、ゼータ関数論。主な著書に『数学をするってどういうこと？』『日本一わかりやすいABC予想』『誰も知らない素数のふしぎ』などがある。

［スタッフ］

編集マネジメント	中村真哉
編集	上島俊秀
組版	髙橋智恵子
誌面デザイン	岩本陽一
カバーデザイン	宇都木スズムシ＋長谷川有香（ムシカゴグラフィクス）
ライター	大塚健太郎（美和企画）（ナンプレ）広瀬清五
マンガ	松本麻希
イラスト	イケウチリリー　桜井葉子　さややん。 関上絵美・晴香　深蔵　堀江篤史　まるみや

好きを知識と力にかえる

博士ずかん

おもしろい算数

2024年10月25日　発行

発行人　松田洋太郎

編集人　中村真哉

発行所　株式会社ニュートンプレス

〒112-0012　東京都文京区大塚3-11-6

https://www.newtonpress.co.jp

電話　03-5940-2451

ISBN 978-4-315-52853-4